通往幸福之路

陈联恒◎著

黄河出版传媒集团
宁夏人民出版社

图书在版编目（CIP）数据

通往幸福之路 / 陈联恒著. -- 银川 ：宁夏人民出版社，2025. 5. -- ISBN 978-7-227-08100-5

Ⅰ. B821-49

中国国家版本馆 CIP 数据核字第 20252MM713 号

通往幸福之路　　　　　　　　　　　　陈联恒　著

责任编辑　杨敏媛

责任校对　陈　晶

封面设计　姵　莹

责任印制　侯　俊

出版发行　宁夏人民出版社

地　　址　宁夏银川市北京东路 139 号出版大厦（750001）

网　　址　http://www.yrpubm.com

网上书店　http://www.hh-book.com

电子信箱　nxrmcbs@126.com

邮购电话　0951-5052106

印刷装订　北京鑫瑞兴印刷有限公司

印刷委托书号　（宁）2500410

开本　880 mm×1230 mm　1/32

印张　6

字数　150 千字

版次　2025 年 5 月第 1 版

印次　2025 年 5 月第 1 次印刷

书号　ISBN 978-7-227-08100-5

定价　66.00 元

前　言

随着生产力的发展，生活条件不断改善，满足了物质需求后，人们必然追求精神生活，更加注重个人的自由、平等和幸福。科学技术的迅速发展，信息技术的广泛应用，导致社会竞争加剧，人们的生活节奏越来越快，个人精神压力增大，痛苦和烦恼增多，心理疾病也随之增多，心理问题已经引起了人们的普遍关注。社会逐步进入信息化、智能化时代，物质资料的生产方式有了重大改变，人类社会的矛盾特别突出，关系特别复杂。随着经济全球化的深入发展，人类各群体斗争加剧，在全球气候、环境、安全、卫生等诸多问题上对抗大于合作，文化的多元性阻碍了人类的进一步沟通与合作，使得全球性问题普遍得不到解决，影响了人类的发展。

幸福是人类的共同追求，是人们的美好愿望。现在，很多人并不觉得物质生活的大幅度提高，能给人们带来更多的幸福，反而觉得更加忙碌，心理负担增大。什么是幸福？怎样获得幸福？人生的意义和目的是什么？人类发展的意义又是什么？这些问题时刻引发着人们的思考，自然科学的巨大发展并没有很好地回答这些问题。哲学是关于世界观的学科，幸福的概念、人生的意义及人类发展的意义用哲学的观点来回答，才具有说服力。

人类发展的过程是意识积累的过程，物质财富是意识积累的表现，意识累积的程度代表了人类发展的高度。意识的成就综合体现在哲学上，哲学是时代精神的精华，特别是科学的哲学，代表了社会意识发展的最高成就，是各类科学的间接反映，马克思主义哲学就是科学的哲学，它的产生为社会发展作出了巨大贡献，并将继续为人类解放贡献力量。辩证唯物主义揭示了事物之间的联系和发展的普遍规律，人类中的个体即个人的发展也应遵循普遍规律，把辩证法引入人生观，能回答个人生活中的许多问题，为个人获得幸福提供理论指导。历史唯物主义阐明了人类社会发展的规律，社会的发展最终要实现人类的平等和幸福。随着信息化、智能化的普及，人类发展到了一个新高度，追求平等的呼声越来越高，反抗压迫的斗争也越来越激烈，人类在追求普遍平等的斗争中将进入公有制社会。

本书前七章将探讨个人如何获得幸福。第一章分析了人的特点，提出幸福的概念，明确人生的意义与目的，人生的意义在于追求个人、他人和人类的幸福。第二章至第七章分析了个人如何获得幸福：第二章用辩证法的观点分析了人生的主要矛盾、心理健康与生理健康的关系；第三章说明了个人能力及主动人生；第四章分析如何认识自己和社会；第五章从履行义务的角度阐明了爱和幸福的关系，揭示了做人的准则；第六章阐述了个人活动的内容、原则和方法；第七章解释了成功的概念以及个人评价。

后五章探讨了人类社会的发展：第八章分析了人类发展的意义，提出了人类精神，以及实现人类精神的目的是人类普遍幸福；第九章分析了文化产生和发展的必然性与被动性，论证了优秀文化的世界性；第十章阐述了世界观学说及其发展，解释了科学的哲学，目的是树立科学的世界观；第十一章提出了人类发展成本，分析了人类主动发展的特征和途径；第十二章分析了人类面临各种压迫的根源是私有制，探讨了实现人类平等、幸福的方法。

目录

第一章　人生的意义及目的

第一节　幸　福

一、人的概念

　　幸福是人的幸福，是心灵的解放。因此，要对人有正确的认识，才能获得长期幸福，但真正理解"人"并不容易，"人"这个普通的字包含了太多的含义。从哲学上讲，人是生理和心理、物质和意识的统一，是社会活动的主体，社会活动是人存在的方式，人的本质是社会关系的总和，社会意识活动是人独有的特征。从进化论的观点看，人是地球上经过长期自然进化形成的高等生物，是有机体发展的最高形式，是在劳动的基础上形成的社会化的高等动物，劳动创造了人类的一切。人的适应能力超过任何一种生物，复杂的生理系统使其处于生物界的顶端。具备了其他生物所没有的意识现象，正是这个独特的功能，使人和人类社会向更高层次发展。

　　马克思说："人的本质不是单个人所固有的抽象物，在其现实性上，它是一切社会关系的总和。"每个人都有一定的社会关系，比如，以血缘为主的父母、儿女、兄弟姐妹、姑舅叔伯姨等关系，以工作事业为主的同事、师徒、上下级关系，以爱情为主的恋人、配偶关系，以友情为主的朋友、同学、战友等，这些关系相互交叉，形成一个巨大的关系网，网的中心就是这个人。个人在不同的关系中扮演着不同的角色，人的本质就是这些关系的总和。个人关系作为个人的一部分，时刻伴随着个人生活，时刻影响着个人活动。可以说，没有个人关系就没有个人的一切，社会关系和个人是不可分割的整体。

辩证唯物主义揭示，人的意识是个人对客观存在的主观反映，受社会历史条件和社会关系的制约。个人意识是社会意识的一部分，一个人出生在什么时代、哪个地区，他的意识便是当时当地社会意识的反映。个人意识不会反映生前的社会存在，更不可能超越现实反映未来的客观世界，这是意识历史性的表现。个人意识是个人活动的结果，是个人经历的间接反映，每个人都有独特的经历，因此，每个人的意识都不同，意识不同行为就不同，人与人的差别主要在于意识的差别。

二、人的主要特点

人是社会的基本元素，是社会活动的主体，人的特点主要表现在三个方面。

首先，人在自然界中是一种生物，在哲学上作为一个事物，在时间上表现为一个过程，个人从出生、成长、成熟、衰老直到消失的各个阶段，是一个发展的过程，有其独特的规律。个人从无到有，经历了婴幼儿、少年、青年、中年、老年、死亡各个时期，每个阶段都有独特的生理特点，人要了解自己，就必须认识每个阶段的特征。个人成长包括生理成长和心理成长，生理成长显而易见，有明显的标志，人们往往会忽视心理的成长，忽视心理成熟和心理健康的标准。意识决定行动，心理上的不健康直接导致人生不幸福，个人应更加重视心理成长和心理健康。人的一生心理成长大体分为两个阶段。一是心理成熟之前，这段时间对个人来说是一个积累的过程，个人学习大量知识，进行大量的实践并获得技能，对人生进行思考，逐渐形成个人的世界观，个人的心理基本成熟。二是心理成熟之后，个人性格和世界观相对稳定，但不一定达到心理健康的标准。每个人都要用心理健康的标准来衡量其心理成熟的状况，要时刻用科学的思想武装头脑，个人的意识如果不被科学的规律所统治，必然要被无知和谬论所占领。尼采说："愚昧无知是一切痛苦之源。"个人应把心理健康作为心理成熟的标准。

其次，个人的意识倾向是人类进步及社会发展总趋势的主观反映，社会总体向高级发展，反映到人的意识上就是认为明天会更好。辩证唯物主义揭示意识是人脑对客观存在的主观反映。人类经历了原始社会、奴隶社会、封建社会、资本主义社会和社会主义社会，社会的发展是由于生产力的不断进步，生产力从低级向高级发展，社会的总体趋势也由低级向高级发展，和人们密切相关的物质基础由贫穷向富裕发展，人们的生活条件也由低向高发展。人类社会总体向前发展，反映到个人意识上，就会觉得生活越来越好、明天更美好。因此，每个人都有追求幸福生活的愿望，这是人的共性。个人总是在比较中评价自己，在生活的各个方面，总觉得自己还有很大的进步空间，总希望自己生活再好一点，这种希望就会表现在行动上。所以，追求幸福生活是个人活动的动力。

再次，个人感受具有恒常性，体验时刻伴随着个人，每个人都希望拥有正面、积极的心理感受。因为具有高级生理系统及独有的心理意识，所以人的情感才会如此复杂，情感伴随人的一生，个人无时无刻不在感受外界的刺激及内心的变化，感受着个人的生理状况及外部状况。这些感受结合自身的特殊经历和生理特点形成个人体验，产生情绪、情感，比如高兴、悲伤、愤怒或恐惧，幸福或不幸福。情绪有积极和消极之分，如果积极的情绪占据时间长，说明个人快乐的时间多；若消极情绪占据时间长，痛苦就多。人都有趋利避害的倾向，这是生物长期发展的结果，可以说是生命的本能。在现实中，每个人都希望自己的需求被满足，都希望获得积极的情绪、情感体验。

▍三、幸福的概念

幸福是人们追求的生活感受，是人类共同的美好愿望。伊壁鸠鲁说："幸福是身体的无痛苦和灵魂的无纷扰。"人们对于幸福的概念有不同的回答，有人说，幸福是过上富裕的物质生活；有人说，幸福是物质和精神上的双重满足。此外还有许多种说法，大多是强调个人在物质和精神上的满足。物质生活提高后，人们越来越关注心理上的感受，每个人都有自己的幸福观，都曾经体验过幸福的感觉。

幸福是个人的综合心理感受，是个人对自己和最爱的人的现状基本满意，简单说，就是灵魂无纷扰。幸福是个人的感受，主要是感受现状，这个现状包括个人现状、最爱的人的现状和所在地的社会现状。个人现状是个人活动的结果，人从出生到生命结束，时刻进行着活动。个人的活动按内容可以分为生存健康活动、学习工作活动、婚姻家庭活动、交往休闲娱乐活动和其他活动。人每天都在重复这几类活动，各类活动的结果形成相应的现状，这些现状综合起来就是个人现状，个人对自己的现状满意不满意，就是幸福不幸福。如果在某段时间，个人健康状况、家庭等方面都很好，但由于工作失误，受到组织处分，个人就会感到这段时间不幸福。又如，一段时间个人患病，经过多方治疗一直没有好转，个人也不会感到幸福。

幸福不仅是对个人现状进行评价，还要对个人最爱的人的现状进行评价，他们的现状对个人的幸福也会产生直接影响。比如，爱人升职，孩子考上了重点学校，亲人发生意外伤害等，都会对个人活动造成直接影响，影响个人的幸福。个人的幸福一部分取决于自己最爱的人，他们与个人的幸福有直接关系。可以看出，在所有活动中，只要有一方面的活动结果不能使人满意，就可能影响个人幸福。因此，幸福是对所有活动的现状进行评价，是综合性的。

个人幸福还会受社会现状的制约。社会现状是指个人所在国家地区的政治、经济、文化等的状况。具体而言，即所在地的文化教育、医疗卫生、就业、生态环境、交通治安、生活设施等社会综合状况，特别是就业状况关系到个人的收入，对生活有重大影响。社会现状、居住环境和个人活动关系密切，直接影响着个人的生活体验，从而对个人的幸福产生影响。如果一个地区局势动荡、战争频发，个人就很难感到幸福，生活在政治稳定、经济发展适度、社会管理先进、环境优美的地区，个人的幸福感会强一些。

社会现状是个人无法左右的，对于个人来说是被动的，是外因；个人现状是个人活动的结果，对于个人来说是主动的，是内因。当一个人在某个地区生活一段时间后，对不如意的社会现状可能会采取一定的改变措施，但由于个人对社会的改造能力有限，其只能通过调整个人的活动来适应社会现状。个人对社会现状的评价在整个现状的评价中占比较小，更注重个人和个人最爱的人的现状，除非当地的社会状况非常恶劣，个人的安全健康得不到保障，就会寻找新的居住地。

幸福、快乐、高兴等积极情绪有相似也有差别，相同点在于这些都是个人的心理感受，都是积极的情绪反应，是个人所期待的。不同之处在于，幸福是个人综合的心理感受，是对个人和最爱的人的现状评价。幸福的外在表现为快乐、高兴等，但更多表现为内心的愉悦，是一种心境，持续的时间较长；快乐、高兴往往是针对某个活动或某个活动的结果进行评价，针对性强，具有单一性，快乐、高兴是一种激情情绪，持续时间较短。

▌四、幸福的特点

幸福的特点主要有时间性、主观性、相对性、关联性、道德性。

1. 幸福具有时间性

幸福是个人的综合心理感受，受个人、他人和社会现状的影响，人的一生会经历婴幼儿、儿童、青少年、中老年等阶段，每个阶段还可以分出更小的时间段，人在每个时间段从事的活动不一样，心理感受也不一样。在某一段时间内各个方面都很好，个人很满意，这段时间就会觉得幸福。随着时间的推移，个人的内外部条件发生变化，就可能在另一段时间内对个人现状或其最爱的人的现状不满意，这段时间就不幸福。人的一生要经历许多困难挫折、成功失败、悲欢离合，不可能时时处在幸福之中，因此，幸福具有时间性的特点。

2.幸福具有主观性

幸福是个人的主观评价，这种评价完全是个人感受，对自己的生活状况，结合自己的经历以个人的心理标准进行评价，是一种内在的心理感受，因而具有主观性。个人对现状进行评价，通过个人的感受判断是否觉得幸福，在这一点上不受他人的影响，完全是主观感受，幸福不幸福只有个人体会得最深刻。

3.幸福具有相对性

幸福是个人对现状进行的评价，由于评价的主体和评价标准不同，对同一个人或事物、同一个活动、同一种生活方式，每个人的感受都不同，具有相对性。比如，某个人看起来生活得很幸福，他自己却觉得平淡无味；有些人觉得低收入的人生活不可能幸福，但许多低收入的人生活得很开心。由于生活经历不同，个人的主观评价体系也不同，对幸福的感受也不同，这就是幸福的相对性，幸福没有统一的量化的评价标准。

4.幸福具有关联性

幸福包括对个人最爱的人以及社会现状的评价，因而具有关联性。一个人生活中会涉及各种关系，个人的幸福并不单纯是个人的事情，而是关联到自己最爱的人，一般来说是指父母、爱人、儿女、兄弟姐妹，也可以是关系非常好的朋友。如果最爱的人的健康、工作、婚姻等方面让我们感到不满意，也会影响这一时期的幸福，因为他们已成为我们生活的一部分，直接影响着我们的心理状态。

5.幸福具有道德性

人生活在社会中，每个社会都有自己的道德规范，对人的行为进行约束。每个人所处的生活环境不同，受教育程度不同，从小受风俗习惯、道德法律、宗教等社会意识的影响。因此，每个人活动的准则也不同，但个人往往用道德标准评判自己的行为，符合道德规范心情就舒畅，不符合道德规范往往会受到良心和社会舆论的谴责，心情就不舒畅。

第二节 人生的意义及目的

"人生的意义"是一个老生常谈的话题，每个人都要面对这个非常难回答的问题。由于每个人的社会地位、立场、角色不同，答案也不尽相同。可以说，对人生意义的认识决定了个人的追求，影响了个人的一生。从人类进步的角度来回答人生的意义，表现在履行个人的义务和行使个人的权利上，反映在追求个人、他人和人类的幸福上。

一、幸福是人类追求的共同目标

幸福是人追求的生活感受。从生理上讲，每个人都有趋利避害的特点，这是生命的本能。从意识上讲，由于社会整体在进步，个人就会觉得生活会越来越好，明天会更好。每个人都有追求幸福生活的愿望，都希望个人的需求得到满足，拥有正面的、积极的情绪、情感和体验。

幸福是人类追求的共同目标。纵观历史，人类社会越来越进步，人的解放程度越来越高，获得幸福的人越来越多；横观世界，每个国家执政的出发点都是为了本国人民生活得更加幸福，着力保持国内政治稳定、经济适度发展，让人民安居乐业。作为国际组织的联合国，在宪章的宗旨及原则中提出"促成国际合作，以解决国际间属于经济、社会、文化及人类福利性质之国际问题，且不分种族、性别、语言或宗教，增进并激励对于全体人类之人权及基本自由之尊重"。可见，实现人权和获得幸福已成为人类共同追求的目标。

■ 二、人类幸福与社会财富的关系

人类幸福需要丰富的物质财富，个人的基本活动，吃穿住行、交往等都需要一定的物质基础，比如衣服、食物、房子、家具、家电、交通、通讯工具等。离开这些，个人就无法正常生活；教育、医疗、生产生活资料的生产和运输等，都需要强大的物质基础。没有物质基础，人类就不可能有幸福生活。人类幸福还需要充足的精神财富，个人要开展工作事业、婚姻家庭、休闲娱乐等各种活动，每种活动都需要相应的知识技能，否则活动就会失败，对生活造成负面影响；房屋，交通、通讯工具、石油矿产等生产生活资料的生产制造，都需要相应的科学技术理论支持。从上面的分析可以看出，人类的幸福是建立在丰富的物质财富和精神财富之上的。

对个人来说，可享用的财富由两部分组成。一部分是个人所能支配的财富，主要是个人收入，这些财富可以自己支配，这是个人能力的体现。另一部分是国家（地区）提供的可供国民享用的财富，这是国家（地区）能力的体现。这里先介绍几个概念，一是国家（地区）能力，指一个国家（地区）在一段时间内创造的财富总和；二是可供国民享用财富的总值，指一个国家（地区）能提供给国民享用的财富总和，包括各种公共设施、义务教育、免费医疗、福利等；三是可供国民享用的财富均值，指一个国家（地区）可供国民享用财富的总值与该国家（地区）总人口的比值。国家（地区）实力强，可供国民享用的财富总值就大，可供国民享用的财富均值就越高。个人可享用财富是个人可支配财富与一个国家（地区）可供国民享用财富均值之和，这样就能理解各个国家（地区）之间的差异对个人幸福造成的影响。

当生产力高度发展，社会财富积累到一定程度时，物质基础非常丰足，用于国民享用的财富总值就会很大，可供国民享用的财富均值就会很高，个人所能支配的财富占个人可享用财富的比例就会越来越低。国家提供的财富已经能满足普通人的生活需要，这样幸福的人就会越来越多。因此，人类的幸福与社会财富的积累程度成正比，受生产力发展程度的制约。同样，个人的幸福受所在国家、地区生产力发展状况的影响，社会上幸福的人数与生产力的发展成正比。

三、人生的意义

历史唯物主义认为，社会发展和人类进步是历史趋势，财富积累是人类进步的反映，人类要不断实现财富积累，社会和个人都要履行一定的义务。从个人的角度讲，个人的出生是被动的，社会要保证其生存、接受教育、参加劳动等的权利，才能为社会创造财富，表现在生命权、生存权、接受教育权、就业权等方面。而且，每个人都有追求幸福的权利。从社会的角度看，社会要保证文明传承、财富积累和人类进步，其权利表现在要求个人创造财富和传承文明，社会和个人的义务就是满足双方的权利要求。

从人类进步的角度回答人生的意义能得到共识，人生的意义表现为履行个人的义务和行使个人的权利，反映在追求个人、他人和人类的幸福上。

1.传承文明，积累财富

人们总是在前人积累的财富的基础上对主客观世界进行改造，人们继承前人的精神和物质财富，结合时代的最新成果改造世界，每一代人都是人类文明的传递者，优秀文化的传播者，自然，每个人都成为传承文明的主角。人类在长期发展过程中积累了宝贵的精神财富和物质财富，需要一代代传承下去，各行各业积累的财富需要各行各业的人传承。个人来到这个世界，不论在社会还是家庭中都有自己的角色。大多数人的一生是这样度过的：出生后学习各种知识和生活技能，成年后结婚生子，养育儿女，赡养父母，同时创造财富、传播文化、奉献社会，最终老去。每个人都是物质文化的继承者，是精神文明的传播者。传承文明就是在传递财富，人类发展的过程就是意识积累的过程，物质财富就是意识积累的表现，传承文明的实质就是积累财富。

2.在实践中认识并改造主观世界和客观世界，持续提高个人能力，为社会创造财富

人刚出生时，除了有少数的本能反应，没有社会意识，以后主要是学习知识、参加实践、掌握技能，提高个人能力。人在主观认识和改造客观世界的同时，也改变着主观世界。认识自己的深度决定了改造自己的程度，认识客观世界规律的深浅决定了个人改造客观世界的能力。个人成长的过程是个人能力提高的过程，个人能力主要反映在掌握和运用优秀文化的程度上，反映在认识和改造主客观世界的本领上，人生的意义表现

在个人能力不断提高的过程中。

人生的意义在于创造财富，改造客观世界就是在创造财富。学习创新是人类的本质特征，创新是人类进步的标志，更是在创造新的财富，只有创新，社会才能进步。每个人从事的工作都是在创造财富，也可以说，人们的一切活动都是在直接或间接创造财富。创造财富不单是为了个人，也是为后代积累财富。人是社会的主体，也是唯一能感受幸福的主体，衡量社会进步的指标是根据人的幸福度来衡量的，人类要拥有非常丰富的财富，才能过上幸福的生活，财富的积累程度和人类的幸福度成正比。因此，人生的意义在于创造财富，只有创造和积累更多的财富，人类的幸福度才能逐渐提高。

3. 追求幸福，实践个人信仰，实现人生目标

人生在历史上是一个短暂的过程，个人在创造社会价值的同时实现自身价值，个人不仅是在创造财富，也在享用现有的财富。每个人都想过上幸福的生活，这是人的特点所决定的，追求幸福生活是人生的意义，大多数人的目标、信仰与追求幸福生活相联系，目标的实现是为了个人、他人和人类的幸福，这些人是社会的主流，可推动社会进步。

4. 为他人的幸福而生活

个人存在很多社会关系，扮演着多种角色，但个人在家庭中的角色最为重要，个人的现状时刻影响着家庭中的其他人，同样自己也时刻牵挂着自己最爱的人。每个人的幸福受最爱的人的影响，最爱你的人的幸福必然会受到你的影响，每个人不仅为自己而生活，同时也是为了最爱你的父母、爱人、儿女等人而生活，个人要时刻想到自己不单单是个人本身，

而早已成为他人生活的一部分，为了爱你的人就要珍惜生命、有所追求，做一个负责任的人。

■ 四、人生的目的

每个人对人生的目的都有不同的解答，托尔斯泰说，人生就是追求幸福。有人认为，人生的目的是拥有足够多的财富；有人认为，人生的目的是享乐；也有人认为，人生没有目的。每个人对生活都有自己的看法，有的人有明确的人生目的，有的人只有短期目标，还有许多人只是年复一年地生活，并没有明确的目标。人生的目的取决于个人对世界和人生的认识，认识不同就会有不同的人生目的。人生的目的大体上有两种。

1.实现个人目标，实践个人信仰

其中有两类人。一类人有明确的人生目标和坚定的信仰，他们为了信仰、理想而奋斗，一生围绕某个目标，实践自己的信仰。这类人事业心非常强，热爱自己的事业，对生活充满信心，往往会为社会创造巨大财富，推动社会发展。另一类人有阶段性目标，对整个人生没有统一规划，在每个时期设定一个目标，这个目标实现后，会设定一个新目标，他们的人生具有阶段性，总是追求更高的生活目标。

2.追求幸福生活

一部分人以幸福为潜在的人生目的，追求个人的美好生活，没有明确的人生目标，每天默默为社会作贡献，人生平淡，过着平凡而规律的生活。

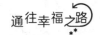

第二章　人生的主要矛盾

　　唯物辩证法认为，对立统一规律揭示了事物的联系和发展最深刻的本质，即运动和发展的源泉与动力。任何事物都是矛盾双方的对立统一体，人是物质和意识、生理和心理的统一体。人的一生存在各种矛盾，在人生的不同阶段有不同的矛盾，贯穿人一生的有几个主要矛盾，正确分析并认识人生中的主要矛盾，对个人有积极影响。

第一节　生与死的矛盾

　　人的一生经历不同阶段，每个阶段都有各自的矛盾，生与死的矛盾贯穿人的一生，这是最主要的矛盾。生是矛盾的主要方面，只有活着才能创造一切。出生是一个人生理的开始，死亡是一个人生理的结束，每个人都希望尽可能长地活在世上，任何愿望和幸福都是建立在生命存续基础上的，因此，活着才是硬道理。生命最为宝贵，珍惜生命是个人从事一切活动的最高原则，在处理生与死的矛盾上要注意几方面。

　　1.个人活动要遵守道德法律，符合科学规律

　　个人应识别在所有活动中威胁生命的危险因素，采取相应的防范措施或停止活动。遵守道德法律是活动的第一原则，道德法律是做人的准则，是处理人与人、人与社会关系的规范，要时刻遵守，否则就可能损害他人或社会的利益，也就存在被他人伤害或被社会惩罚的可能。第二个原则是活动要遵循科学规律。活动是个人存在的方式，有活动就有受到伤害的

风险，不论工作还是在日常生活中，个人要把危害生命的因素识别出来，做到心理预防，并采取必要的措施，在活动中避免受到伤害。企业安全管理中的"三不伤害"，即不伤害自己、不伤害他人、不被他人伤害，可作为个人一切活动的原则。例如，在日常生活中，避免交通事故就要遵守交通规则，多观察路上的车辆行人，防止发生事故；个人在使用电器的时候要预防触电，要遵守电器的安全使用规则，电器坏了要请专业人员维修，不要私自修理等。对于能导致猝死的疾病，如心脑系统疾病，重要的是预防，按时体检，要对自己身体状况了如指掌，做到情绪稳定，身体有问题，要及时治疗。人的生命中各种活动的安排要以健康为第一原则，注意对各种疾病的预防、治疗或保健的方法，并在生活中学习和运用。

2. 学会逃生技能

平时要学习在发生事故、灾难等异常情况时的应急本领和逃生技能，学会一些自救和救助的知识。人的一生中可能会遇到暴雨、洪水、地震、海啸等自然灾害，也可能遇到火灾、迷路、车祸、落水等意外事故。个人应在平时学习必要的应急本领和逃生技能，在危难时刻解救自己、帮助他人，但最关键的是不要将个人或他人置于危险之中。

3. 监护人要对未成年人的生命负责

未成年人没有能力完全识别活动及环境中的危险，行动具有盲目性，监护人有义务保证他们的生命安全，根据未成年人不同时期的特点，结合环境因素，主动识别危险并教育孩子，做到有效防护。未成年人是孩子，更是社会的财富，未尽到监护人的义务导致未成年人死亡，会给个人、他人或家庭带来严重伤害。对于老年人来说，赡养人要根据他们的生理状况采取必要的防范措施，防止意外发生。

生与死在精神层面上是相对的，并不是绝对的。中国诗人臧克家在《有的人》中写道："有的人活着，他已经死了；有的人死了，他还活着。"在抗击日本帝国主义侵略的战争中，英雄们浴血奋战，不怕牺牲，他们死得其所；为了保护国家和人民的利益，他们见义勇为，舍己救人，这些都是人类社会的美德，受到全社会的尊重。为了推翻腐朽的统治阶级，解救人民于水火，在革命中牺牲的烈士，他们的死重于泰山，虽死犹生。

同时，人们在突发的自然灾害、事故和疾病面前，又显得特别弱小。如果平时不注意个人防护及疾病预防，不按科学规律活动，不学习应急和逃生的知识技能，死亡距离人们很近。生与死是人生最重要的矛盾，贯穿于人的一生。

第二节　个人活动与个人意识

唯物辩证法认为，个人意识是个人独特的社会经历和社会地位的反映，是个人实践的产物。活动是个人存在的方式，个人意识的产生离不开个人活动，个人意识支配个人活动，个人活动直接反映了个人意识。个人活动和个人意识相互作用、相互制约，相互促进，是存在辩证关系的矛盾双方。

■ 一、个人活动的特点及分类

人们时刻在活动，个人活动有三个主要特点。

1. 个人活动由心理和生理共同参与，需要一定技能

个人正常的活动都由意识发起，由生理完成，就连只有大脑进行的思维和想象，也是由个人意识决定的，只不过活

动的主体是人的大脑。活动的完成需要一定的技能，比如吃饭、骑车、写字等都需要简单的技能；复杂性的活动需要更高的技能，如操作设备，驾驶汽车等；还有更高级的技能，只有某些人才能做到，如飞行员、宇航员、科学家等。具备一定技能是活动的必要条件。

2. 个人活动具有目的性

个人的每个活动都有其目的，这是个人情绪、情感和意志的表现，每一个活动都是为了实现一个小目标或大目标的一部分，是主观能动性的反映。

3. 个人活动具有社会性

个人活动总是在一定的内外部条件下进行的，与他人、社会等产生联系。因此，个人活动具有社会性，活动就要考虑对他人或社会的影响，个人活动应符合道德法律，不能损害他人或社会的利益。

按照活动的性质可将个人活动分为学习、实践和思考。根据活动的内容，可以将其分为生存健康活动、学习工作活动、家庭婚姻活动、交往休闲娱乐活动和其他活动。生存健康活动是指一个人保证身体健康所进行的各种活动，包括吃穿住行、睡觉、治疗、锻炼、保健等；学习工作活动是指个人接受文化教育、从事某种工作、发展某项事业、从事个人爱好的活动；家庭婚姻活动是指个人出生、成长、恋爱、组建家庭、赡养老人和被赡养整个过程的活动，包括对父母、兄弟姐妹、恋人、爱人、儿女等所有的亲情、爱情活动；交往休闲娱乐活动指交朋友、休闲娱乐、旅游等活动；其他活动有公益活动、公共活动、义务活动等，如公众集会、服兵役、政党活动等。

■ 二、个人活动的制约性

个人活动是在一定的内外部条件下进行的，说明个人活动要受到制约，主要表现在以下几个方面。

1. 个人活动受家庭状况和社会关系的制约

一个人通常生活在家庭中，从生命的开始直到结束，个人活动要受家庭成员的影响，主要是指父母、儿女、兄弟姐妹或其他朝夕相处的人，父母或抚养人的能力对个人成长影响较大，父母不仅遗传了生理特征，也遗传了部分心理特征。个人成家后，会受爱人及孩子的影响，每天都要和家庭成员在一起，个人的活动习惯、生活方式等都会受家庭的影响，一个人的生活习惯往往表现了一个家庭的生活方式。个人活动还会受家庭物质状况、社会地位、社会关系等因素的影响，个人活动的内容、方式、结果都与家庭因素有关。

2. 个人活动受到自身生理、心理特征的制约

个人活动由心理发起，由生理完成，个人的生理状况直接影响着个人活动。由于每个人的相貌体格等外部生理特征、性格气质等内在心理特征都有差异，个人根据自身特点选择不同的活动。比如，身体高大、强壮的人通常爱好踢足球、打篮球等活动，身材矮小的人可能喜欢打乒乓球等，内向的人通常偏重独自活动，外向的人则喜欢和朋友一起活动。由于每个人的先天素质不同，个人的特长、爱好都不相同。因此，个人生理、心理状况制约着个人活动。

3. 个人工作的组织制约着个人活动

工作是个人谋生的手段，工作时间占据了一个人的黄金时间，组织的人员、结构、生产方式、收入、管理理念、组织文化等都影响着个人活动，对个人有潜移默化的作用，在

组织中会形成一定的社会群体意识，直接影响着个人活动。

4. 所在国家、地区及世界的现状制约着个人活动

个人在社会中活动，因此，个人活动的水平、范围、内容方式受到所在国（地区）的经济、政治、地理条件、自然环境、文化教育等因素的影响，特别是所在国的宗教哲学、道德法律、文学艺术等。此外，还受所在地的基础设施、教育状况、就业条件、文化医疗、社会治安等因素的影响。随着经济全球化的深入，信息技术的快速发展，地球缩小得像一个国家，各地重大事件和世界文化在网络上快速传播，人们在网上不仅可以学习本国的文化，也可以接受世界各国的文化，思想越来越世界化；公路、铁路、航空和航海的发展缩短了人们之间的距离，使人的活动越来越全球化，个人的活动必然受到这些因素的影响。

此外，个人活动还受其他因素的影响。比如，个人参加的相关组织、遭遇的自然灾害、突发事故等因素，都会或多或少影响个人的活动。总之，个人活动时刻都要受生理条件、心理状况、家庭状况、社会环境、自然环境等内外部条件的制约。

三、个人心理活动

普通心理学认为，心理学是研究人的心理活动及其发生、发展规律的科学，人的心理是以不同的形式能动地反映客观事物及其相互关系的活动，人的心理活动包括心理过程和个性。心理过程可分为认识过程、情绪情感过程和意志过程三个方面。认识过程是人由表及里、由现象到本质反映客观事物的特性与相关的心理活动。人的认识过程包括对客观事物

的感觉、知觉、记忆、思维、想象等过程，注意则是伴随在心理过程中的心理特性，以保证各项活动的顺利进行。情绪情感过程是指人对客观事物能否满足自身的需要而产生主观体验的心理活动，它反映的是客观事物与人的需要之间的关系，包括喜怒哀乐爱憎惧等情绪情感。意志过程是人为了满足某种需要，在一定的动机激励下，自觉确定目标，克服内部和外部困难，并力求实现目标的心理活动。意志过程是人的意识能动性的表现，即人不仅能认识客观事物，还能根据对客观事物及其规律的认识自觉改造世界。人的认识过程、情绪情感过程和意志过程统称为心理过程，它们在人的心理活动中并不是单独存在的，而是相互联系、相互影响的统一的心理活动过程。

个性是指一个人的心理面貌，它是个人心理活动稳定的心理倾向和心理特征的总和，个性的心理结构主要包括个性倾向性和个性心理特征。个性倾向性是指人具有的意识倾向，决定着人对现实的态度以及对认识活动对象的趋向和选择。它是个人活动的基本动力，是推动人开展活动的系统，主要包括需要、动机、兴趣、理想、世界观、价值观。这些心理倾向在整个个性倾向中的地位，随着个人的成熟与发展的阶段而有所不同。例如，在儿童时期，兴趣是支配他们行为的主要心理倾向；在青少年时期，理想上升到主导地位；在青年后期和成年期，世界观成为主导心理，并支配着人的行为。世界观是个性倾向性的最高层次，它是个人行为的最高调节器，制约着个人的整个心理面貌。

人的个性倾向性是在社会实践中形成、发展和变化的，它反映了人与客观现实的相互关系，也反映了一个人的生活经历。当一个人的个性倾向性成为一种稳定的心理特点时，就构成了个性心理特征。个性心理特征是指一个人身上经常地、稳定地表现出来的心理特点，它主要包括能力、气质和性格，是多种心理特征的独特组合，集中反映了一个人心理面貌的类型差异，性格是一个人世界观的体现。

人的心理过程和个性是密切联系的。一方面，没有心理过程，个性是无法形成的。如果没有对客观事物的认识，没有对客观事物与人的需求之间的态度体验而产生的情绪和情感，没有对客观事物的积极改造的意识过程，个性就会成为无源之水。另一方面，已经形成的个性倾向性和个性心理特征又制约着心理过程，并在心理活动过程中得到体现，从而对心理过程产生重要影响，使之带有个人独有的特点。心理过程和个性是心理现象的两个方面，在了解一个人的心理全貌时，必须把两者结合起来考察。

▌四、个人意识

唯物辩证法认为，物质第一性，意识第二性，世界统一于物质，意识是物质的产物和反映。唯物主义承认外部世界，承认物质存在于人们的意识之外，人们的意识是对物质存在的反映。意识是物质高度发展的产物，是高度组织起来的物质——人脑的反映特性。意识是脑的机能，人的意识活动不能脱离物质运动而存在，它是物质运动发展到高级阶段的产物。现代科学已经证明，意识是物质在地球这一特定条件下经历从无机物到生物、从低等动物到高等动物、从猿到人的发展阶段的最高产物，意识是脑的机能。脑是心理的器官，人脑是对来自内外信息进行加工储存和调节行为的器官，大脑皮层具有对复杂的信息进行接收和加工处理的功能。现代科学研究表明，人的一切意识活动，就其产生的方式来说，都是脑的反射活动。意识活动是人脑的机能，离开了人脑就不能产生人的心理活动，但是，人脑只是反映客观事物的物质器官，是人的意识活动产生的自然前提，如果没有客观现实，人脑就没有反映的对象。人脑自身是不会单独活动的，人的大脑类似"加工厂"，客观现实像原材料，如果没有原材料，"加工厂"就无法生产任何产品。这说明，客观现实是人意识活动的源泉和内容，人的一切意识都是人脑对客观现实的主观反映，是个人心理活动的结果。

普通心理学认为，个人意识是指个人以感觉、知觉、记忆、思维等心理过程为基础的系统对自己身心状态与外界环境变化的觉知和认识。语言和思维是个人意识活动中的核心因素。由于语言是意识的物质外壳和表达形式，所以人只有掌握了语言，在社会活动中不断地积累知识和经验，才能有日益丰富和不断概括的意识内容，才能接收各种信息并对它们的意义进行评价和选择。因此，意识是个人心理反应的最高形式，是人类特有的心理现象，它是人在社会劳动中用语言同他人交往的过程中，在社会历史条件的作用下形成的。情感和意志是个人意识的组成部分，因为意识也会表现为一种内心体验的形式。意识中不仅包含认识，而且包含人的体验，如满意或不满意、爱憎等。因为意识到客观现实的绝不是抽象的人，而是具体的人，他不只是在认识着，而且也在感受着和行为着。可见，意识永远属于某一具有特定经验的具体主体，因此，意识就必然具有主观性。在现实生活中，意识通过认识过程获得的客观内容始终作为主体自身的反映、主体自身的体验而存在着。所以，人的意识不仅是认识，同时也是体验，人的意识是认识和体验的整体统一。正因为人的意识中包含体验的因素，而体验的因素又和人的活动联系着，所以，人的意识具有主观能动性。

第三节　个人活动与个人意识的矛盾运动

个人活动产生个人意识，个人意识支配个人活动，个人活动和个人意识之间存在辩证关系，是矛盾的两方面。

一、个人活动和个人意识的矛盾运动

个人活动和个人意识相互作用、相互制约、相互促进，个人活动在个人意识的指导下进行，个人意识在个人活动中表现出来，没有活动，也无法表现出个人意识。个人活动贯穿于人的一生，是生命存续的表现，个人意识是个人活动的产物，是相对稳定的因素。在个人活动和个人意识的辩证关系中，首先是个人活动决定个人意识，其次是个人意识能动地反作用于个人活动。

1. 个人活动决定个人意识

第一，个人活动不间断地开展决定个人意识的产生和发展。一个人刚刚出生，只有少数的本能反应，没有社会意识，随着父母的教育和个人练习，逐渐掌握吃饭、走路、说话等简单的技能；在求学期间，个人不断学习知识和技能，个人意识逐步提高，个人不断成长；参加工作后，学习专业知识技能、交际能力等，随着活动的不断开展，意识不断积累变化。因此，个人意识是从个人活动中逐渐产生和发展的。如果一个人不进行社会实践，就不能产生社会意识。比如，在一些

地方发现的狼孩，由于其生下来与狼生活在一起，被人解救后只有狼的习性，对人类文化一无所知，这就说明在社会中活动是产生个人意识的前提。个人活动的不间断进行使个人意识不断更新，个人进行新的活动就会产生新的意识，新活动越多越频繁，个人意识更新得就越快。在成长期，个人每天都接收许多新的东西，因此，成长期的个人意识变化最快，可塑性也最强。

第二，个人活动的总和即个人经历决定个人意识的内容和水平。一个人进行什么活动决定了其产生什么意识，而不会产生个人没有实践的相关意识内容。比如，汽车司机不知道开飞机的知识，种地的农民不知道怎样炼钢。实践什么内容获得什么意识，从未接触的知识就不会产生相应的意识，实践的广度决定了意识的宽度。个人意识是其经历的间接反映，个人意识的形成是一个积累的过程，与个人的每一个活动都有直接或间接的关系。个人在实践中不断总结，从感性认识上升到理性认识，是认识上的飞跃，也是个人成熟的必要过程。

2. 个人意识对个人活动的反作用

个人活动对个人意识固然起着决定作用，但个人意识并不是消极地适应个人活动，它与个人活动之间具有相对的独立性，可以能动地反作用于个人活动，具体表现在两个方面。一方面，个人活动在其当前的意识状况下开展，现有意识决定了活动的内容和水平。比如，只有小学水平的人解不了高中的数学题，只能求解与之水平相当的问题；炼油工人只知道炼油工艺而不会开飞机，这是因为其个人意识没有这方面内容。个人活动都有一定的目的，是个人意识的表现，个人意识包括情绪情感，每个人的爱好都不同，对活动都有选择性；个人的性格和世界观决定了其活动的主要特征，每个人活动的内容类似，但活动的方式方法都不同，以上这些都是个人意识反作用的表现。

另一方面，当个人意识中的知识技能可以满足个人活动时，个人活动进行得很顺利，说明个人掌握了当前活动的规律；当个人在活动时遇到挫折或失败，主要是因为其掌握的知识和技能不能满足活动的要求，没有认识到事物的本质及发展规律，这时需要学习和掌握新的理论和技能来满足活动要求。当个人活动受到挫折或失败时，通常有两种反应，一是把失败的主要原因归结为内因，即主观方面的原因，从而不断学习和掌握新的知识和技能，提高个人能力；二是把失败的主要原因归结为外因，是他人、社会等客观原因，从而产生对社会和他人的抱怨，而不是怀疑自己认识不正确，这就阻碍了正确意识的产生，同时也阻碍了个人能力的提高。

个人活动决定个人意识，个人意识反作用于个人活动，正是二者的相互作用、相互促进构成了人生的主要矛盾。个人活动不断开展是生命连续性的体现，个人意识也随之不断变化，在成长阶段主要是学习掌握科学知识、生活技能、交往技能、工作技能等，个人意识不断变化，在快速发展的社会中，很容易吸收新思想，接受新技能，个人意识更新快。心理成熟后，由于很少从事新的活动和实践，偶尔参与新的活动，个人也会用当前意识解释、指导活动。一个人的世界观和性格形成后，其个人意识变化非常缓慢。一个人不论从事什么工作，都应不停地学习和探索事物的规律，从自然知识技能、社会知识技能到心理学、哲学和宗教，始终能够用正确的知识和技能解释、改造主客观世界，这是个人幸福的根本保证和关键所在。

▎ 二、个人意识形成的必然性和被动性

个人活动是个人意识产生和发展的基础，个人意识是个人经历的间接反映，由于每个人的经历都不相同，世界上没有意识相同的两个人。个人意识是个人活动的结果，因此，个人活动的制约性也就决定了个人意识形成的必然性。由于个人活动受到生理、心理特征的内部因素和家庭社会等外部环境的制约，个人意识的形成具有必然性。个人意识的形成是自己无法左右的，性格在不知不觉中形成，存在被动性，所以，一部分人相信命运的存在，这是个人意识形成的必然性和被动性的反映，是个人心理成熟之前无法左右的个人特征和活动形成了个人意识，形成了个人的性格、世界观、爱好等。如果个人不学习马克思主义哲学和心理学，不理解意识的本质，不从实践中改变，就容易在既得意识下发展，从而无法改变自己，那么人生的大致面貌也就确定了。理解了个人意识形成的必然性和被动性，也就理解了命运，人们常说性格决定命运，从意识形成的机制和发展来看很有道理。

第四节　个人直接意识与个人间接意识的矛盾运动

个人的心理活动分为心理过程和个性，个人的心理过程分为认识过程、情绪情感过程和意志过程三个方面，个人意识是个人心理活动的结果，也包括这三个方面的内容。认识过程的结果体现在个人掌握的知识、技能等方面，情绪情感

过程结果体现在个人对事物和人的情感感情及个人体验上，意志过程体现在个人的爱、目标等方面。个人意识的内容是有层次的，按照意识形成与个人活动的关系，可将个人意识分为个人直接意识和个人间接意识。

■ 一、个人直接意识

在个人活动中直接形成的意识内容为个人直接意识，主要包括各种知识、技能、情绪情感体验等。

1.各种知识

指个人所接受的理论知识总和。包括基础知识，如语言、数学、物理、化学、历史、自然、地理等；各种专业知识，如种植、养殖、建筑安装、制造、计算机、机械设备、教育、医学、艺术、礼仪、道德法律、经济、财政等；信仰知识，如哲学、宗教等。知识大部分是通过教育、培训或自学获得，个人在实践中的需要也要求个人进行理论知识学习。知识是活动的规律，掌握规律是顺利开展各种活动的前提。

2.各种技能

普通心理学上，技能是指个人运用已有的知识经验，通过练习形成一定的动作方式或智力方式。技能可称为活知识，是对已掌握知识的灵活运用，将理论转化为实践。例如，骑车、体操、游泳、唱歌、阅读、写作、授课、治疗、驾驶车辆、操作设备、修理设备、操作飞机等，都是复杂程度不同的技能。技能是先天因素与后天因素的融合体，前者是指生理机能素质，后者是指练习。素质是技能形成和发展的自然前提，技能离开素质就谈不上形成和发展。不论生活、学习还是工作、交际，都需要有相应的技能。没有技能，人们就无法有效地活动，高水平的技能是人们进行创造性活动的重要条件。经过实践，个人掌握了一定的技能，才能顺利开展各种活动。

3.个人的情感体验

个人时刻在活动，时刻在体验，因此，个人的情绪时刻伴随着个人。个人在活动中与许多人和事物存在关系，在与人或事物的长期交往或接触中，对他人和事物都有不同的情感体验，喜欢或厌恶，对他人和事物的感情有好有坏、有深有浅，这些情感体验及感情记忆会对个人的活动产生影响。个人不断活动改变着其情感体验，不断加深着与他人或事物的感情。反过来，个人在情感或感情的影响下完成某种活动，表达自己的情感，情感、感情对个人活动便产生直接影响。

二、个人间接意识

个人间接意识是在个人直接意识的基础上，经过积累、抽象而形成的意识内容。它居于个人意识的顶层，不易改变，直接作用于个人意志，主导着个人的活动倾向和选择，主要包括世界观、性格、兴趣和个人长期目标。

1.个人的世界观、价值观和性格

个人的世界观是指一个人对世界、社会和人生的看法，包括人生观、历史观和自然观，其反映了个人对世界的认识。一个人经过大量的学习、实践活动积累了各方面的知识技能和活动中形成的各种体验，结合个人学习的哲学知识抽象思维，对整个世界和人生有自己的看法，逐步形成自己的世界观，个人的世界观是个人直接意识的间接反映。有了对整个世界的认识，就会产生一定的方法论，就是个人的价值观，体现在对人生、职业、关系、财富、地位等的价值取向上，从而形成个人的处世原则。性格一方面是世界观和价值观的外在表现，另一方面还包括个人生理素质的特征。个人的世界观、性格是在长期的活动中慢慢积累形成的，大部分人到了中年以后，由于很少进行新的学习实践，形成了自己的思维方式和处世原则，其世界观和性格基本不变，这些方式和原则长期占据个人意识的顶层，在个人的每个活动中表现出来，是个人潜意识中最重要的部分。

2. 个人所爱和个人的长期目标

个人所爱包括所爱的人和个人爱好。所爱的人很好理解，通常是指自己的恋人、爱人、孩子、父母等，是自己最喜欢的人。为了所爱的人，个人往往会不停地付出，对个人活动的选择有重大影响。个人爱好是在兴趣的基础上发展而来的，个人爱好是稳定下来的兴趣，具有一定的持久性。个人爱好往往会成为个人事业的根源，一部分人在从事爱好或发展事业的活动中会逐步确定目标。个人目标则是事业追求的体现，这个目标在一段时间内主导自己的生活，个人总是把目标的实现放在第一位。确定长期目标后，人生会有重大改变，生活有了重心，个人有了努力的方向，行动抛弃盲目性，个人会主动放弃和目标不相关的东西，变得意志坚强。树立个人长期目标后，人生从被动转为主动。

在个人间接意识中，个人所爱和个人长期目标确定的是从事活动的内容及结果，世界观、价值观确定的是个人进行活动的基本原则、方式方法，而性格则是在各种活动中表现出来的心理特征，三者相互联系，共同构成个人间接意识。

▌三、个人直接意识与个人间接意识的矛盾运动

个人直接意识和个人间接意识之间存在着相互作用、相互制约、相互促进的辩证关系，个人直接意识是矛盾的主要方面，居主导地位，起决定作用；个人间接意识是矛盾的次要方面，处于被支配地位，但是个人间接意识一经形成，又会以积极的能动力量对个人活动和个人直接意识产生巨大的反作用。

1. 个人直接意识对个人间接意识的决定作用

个人直接意识对上层意识起决定作用的原因在于，个人直接意识是个人间接意识赖以产生和发展的根源，没有个人直接意识，就没有个人间接意识。

首先，个人直接意识决定个人间接意识的产生。个人直接意识包括知识、技能等，每个人出生以后，先是学习各种知识，学习生存生活技能，参加工作后学习大量专业的知识技能和社交技能，只有个人直接意识积累到一定程度，才能产生与之匹配的个人间接意识，个人间接意识的产生不会凭空出现。比如，婴幼儿由于活动很少，没有形成个人间接意识，中小学生的基础意识积累得很少，也不可能形成世界观，而只能根据个人对社会的模糊认识及个人的兴趣提出自己的理想，在多数情况下，这个理想只是个人愿望，没有真正去努力实现；成年后，由于积累了大量的知识、技能和体验，才逐步形成了较为全面的个人间接意识，对社会、世界的认识趋于稳定，从而形成个人的世界观、目标等。个人间接意识是个人的知识技能、经验体验等的抽象总结，没有个人直接意识，也无法形成个人间接意识。大部分的个人活动并不能影响个人间接意识，只能影响个人直接意识，间接影响个人间接意识。

其次，个人直接意识的道德科学程度决定了个人间接意识水平的高低。个人直接意识的道德科学程度是指个人掌握的科学知识技能和道德规范的多少。个人直接意识越符合道德和科学，其间接意识水平就越高。如果一个人从不接触优秀哲学，不学习世界先进的文化，只凭个人经验认识世界，那么他的上层意识水平就不高。比如，一个普通的农民或工人，如果只是从事农耕或简单的物质资料生产，他最多掌握一般的自然、社会知识或技能，而不可能正确认识自己的意识和社会，他们的个人间接意识是低层次的。同样，一个受过高等教育刚毕业的大学生，如果只掌握知识，而没有把知识转变为技能，没有进行大量的社会实践，他的上层意识也是低层次的。个人掌握知识技能的优秀程度决定了个人间接意识的水平，如果吸收了大量的糟粕文化，就会产生不正确的世界观。知识技能掌握得越少，对社会认识越肤浅，个人间接意识水平就越低；个人掌握的知识技能越多、越科学，对世界的认识越正确，个人间接意识水平越高。因此，个人要不断学习自然知识、社会知识及哲学，必须参加大量的社会实践，才能产生高层次的个人间接意识。所谓高层次，就是符合道德和科学。

再次，个人直接意识不断积累，引起个人间接意识的变化。一个人从小到大，在生理和心理的成长过程中，其直接意识的不断积累，必然会引起个人间接意识的变化。求学、工作及成家，每个阶段都有明显的特征，个人间接意识越来越成熟。认识并掌握主客观事物规律的多少，是衡量一个人世界观的重要标准。或者说，吸收并掌握优秀文化的程度决定了一个人间接意识的高低。知道的规律越多，获得的自由越大，个人间接意识就越正确。个人间接意识的变化是由于个人直接意识不断积累，从量变到质变、从感性认识到理性认识的过程。当个人直接意识积累到一个量变的临界点，通过深入思考，往往会在认识上有一个飞跃。个人在成长过程中会多次感受这样的过程，它可能发生在成功之后，但更多的是失败、挫折以后的反思。如果个人直接意识不发生变化，个人间接意识便也不再变化。

个人世界观的形成和变化主要有两个途径。一个途径是通过个人活动自然形成世界观。随着个人活动的不断开展和深入，个人直接意识不断积累，当积累到一定程度时，就能形成或改变个人间接意识。这是一个缓慢的认识过程，通过这种方式形成的世界观往往与社会公德和优秀的哲学思想相差较远。另一个途径是个人先学习优秀的哲学思想或道德规范，用优秀的哲学思想和道德武装头脑，指导个人活动，在活动中检验真理的正确性，逐步将优秀的哲学思想和道德转化为个人的世界观。这是一种比较科学的认识途径，因为优秀的哲学思想和道德是人类发展的成果，是优秀文化的结晶，将世界文化的精华转变为个人思想，对个人成长很有帮助。

2. 个人间接意识对个人直接意识的反作用

个人直接意识对个人间接意识有决定作用，个人间接意识对个人直接意识有能动的反作用，这个反作用是通过个人间接意识指导个人活动来实现的。在人生的不同阶段有不同的表现，在儿童或少年时期，兴趣或理想是主要的"个人间接意识"，个人对感兴趣的事物或活动特别喜欢，对活动的选择有重大影响；在青年或成年期，个人的世界观及个人爱好逐步形成，有了目标后，总是围绕目标开展活动，个人对所爱的人往往不断付出，影响个人对活动的选择；在成长期，个人从事的新活动非常多，世界观处于变化中，到了中老年，个人如果不进行新的理论知识学习、新的社会实践或实践的总结，一个人的世界观和性格不会有大的改变，已形成的个人间接意识对个人活动有强烈的制约性。世界观和价值观是个人间接意识的核心，直接作用于意志，主导人生的方向和待人接物的基本准则，贯穿于个人的每个活动中，影响着个人直接意识，制约着个人直接意识的变化和发展。

个人间接意识具有相对稳定性、不易改变性，已形成的个人世界观和性格制约着个人的活动。如果不理解个人意识形成的原理，认识不到个人经历决定个人意识，个人就解释不了自己的人生，不知道如何改变世界观和性格，就会相信命运，一旦相信命运，个人的发展就会缺少信心。

四、认识个人活动和个人意识、个人直接意识和个人间接意识辩证关系的意义

第一，认识到个人意识的形成机制，可以分析个人意识形成的制约因素，就会理解人生的必然性和偶然性，可以彻底否定宿命论。理解个人活动对个人意识的决定性，就可以通过个人活动来改变个人意识。

第二，认识到这些关系是认识个人的关键。认识自己，就要清楚个人的意识状况，个人掌握了哪些规律、什么知识技能，有什么爱好和优缺点。只有充分认识了个人的意识，才能认识自己。

第三，认识到个人直接意识和个人间接意识的关系，可以有目的地改造自己、适应或改造社会，利于个人的长期发展。性格决定命运，个人可以通过主动改变个人活动来改变自己的性格，性格可以改变，命运也可以改变，个人的命运由自己主宰。

第五节 健 康

社会活动是个人存在的方式，个人只有身体健康才能顺利进行各种活动。同样，健康也是个人幸福的保证，健康与患病的矛盾是个人的主要矛盾之一。个人要养成科学的生活方式，科学合理地使用身体是保证健康的关键，个人活动要考虑生理的承受能力，不按生理规律使用身体会伤害某个生理器官，当伤害达到一定程度时就会患病。

一、健康的概念

世界卫生组织对健康作出的定义不仅是没有疾病，还包括躯体健康、心理健康、社会适应良好和道德健康。后来又提出了健康标准，身体健康表现在"五快"上：吃得快，进餐时，有良好的食欲，不挑剔食物，并能很快吃完一顿饭；走得快，行走自如，步履轻盈；睡得快，有睡意，上床后能很快入睡，且睡得好，醒后头脑清醒，精神饱满；说得快，思维敏捷，口齿伶俐；代谢快，一旦有便意，能很快排泄完大小便，而且感觉良好。心理健康表现为"三好"：良好的个性人格，即心地善良，情绪稳定，性格温和，意志坚强，感情丰富，胸怀坦荡，豁达乐观；良好的处事能力，即观察问题客观现实，具有较好的自控能力，能适应复杂的社会环境；良好的人际关系，即助人为乐，与人为善，对人际关系充满热情。

以上说的身体健康、躯体健康，讲的都是生理状况，在本书中统称为生理健康。人们常说的精神健康、意识健康、心理健康等概念，在本书中统称为心理健康。本书说的健康概念与世界卫生组织提出的健康概念不同，健康是心理健康与生理健康的有机结合，个人健康只包括生理健康和心理健康两部分，世界卫生组织提出的健康概念中的社会适应性良好和道德健康这两部分包含在心理健康中。生理健康具有直观性，躯体上的疾病容易察觉，人们注重得多一些，心理健康具有隐蔽性，容易被忽视。随着社会竞争加剧，生活压力增大，个人心理容易产生疾病，心理健康逐渐引起人们的普遍关注。

通常的健康概念是指各种器官发育良好、功能正常、体质健壮、精力充沛，并具有良好劳动效能的状态，主要是生理健康的概念，符合"五快"标准。世界卫生组织指出，生理健康受几个因素的影响，其中，先天遗传占15%、气候因素占7%、个人生活方式占60%、社会环境占10%、医疗条件占8%。其中，个人生活方式和医疗条件为可控因素，个人生活方式是由个人的心理决定的，要做到生理健康，关键在于心理健康。世界卫生组织提出，心理健康表现在个性人格好、处事能力好、人际关系好三个方面，但是不全面，没有说明心理健康和生理健康的关系。从哲学上讲，心理健康是指个人能够正确认识事物的本质及其发展规律，避免在活动中对个人、他人或社会造成不可接受的伤害。心理健康主要反映在生理健康和人际关系上，心理健康是对主客观事物本质的正确认识。只有正确地认识，才能科学地活动，违背规律活动就会失败，也会给个人、他人或社会造成伤害。比如，长时间不科学地使用眼睛会造成眼睛疾病；不按交通规则驾驶车辆，便容易发生交通事故，会对个人和他人造成伤害。心理健康还反映在人际关系上，与人交往是不可缺少的活动，和谐的人际关系是心理健康的重要标志，良好的个性、处事能力最终都要体现到人际关系中。因为个人的行为给自己、他人或社会造成了不可接受的伤害，说明个人的心理在某些方面不健康，对规律的认识不够。

▍二、心理健康与生理健康的关系

在健康概念中，心理健康主导生理健康，生理健康反映心理健康状况。生理健康与心理健康的矛盾是主要矛盾，是内因，占主导地位；其与先天遗传、自然因素、社会因素等外部因素的矛盾是次要矛盾，是外因，占次要地位，生理健康与心理健康、外部因素的关系是现象与本质的关系。

1. 心理健康状况主导生理健康状况

首先，个人意识主导生理状况。心理状况是个人活动产生意识的积累，生理状况是个人活动使用生理的积累。个人时刻在活动，活动是由身体各种生理器官相互组织协调完成的，离开了生理功能，活动无从谈起。因此，生理状况是个人使用生理系统进行各种活动后生理状态的综合表现，是一个累积的结果，所以说生理状况受制于个人活动总和。科学已经证明，个人活动服从个人意识，人的一切活动是在个人意识的指令下发起和完成的。反过来说，个人意识决定了个人活动，个人活动主导了个人生理状况，也可以说，个人意识主导了个人生理状况。

其次，心理健康状况主导生理健康状况。个人意识表现在各种活动中，心理健康表现在活动要按照规律去完成，个人在活动中要符合两个规律，一是要遵循活动的规律，二是活动要符合个人生理的规律，两个规律的作用不同。不服从第一个规律，活动就会失败，也可能会对个人或他人、社会造成伤害；不服从第二个规律，活动中身体会受到轻微伤害，在一次活动中不易察觉，但长此以往就会患病，这是一个累积的结果。举个简单的例子，许多人喜欢用电脑在网上购物、玩游戏或工作，个人在进行这些活动时就要符合两个规律。一是如何操作电脑，这需要掌握电脑的相关知识和技能，否则就无法操作电脑。另外，电脑涉及用电，如果在这一过程中不安全用电，就可能触电，给身体造成伤害。二是在操作电脑的过程中要有正确的姿势，合理安排时间。如果操作姿势不正确，时间安排不合理，活动也能进行，但会对某个生理器官产生轻微的伤害，长时间不正确使用电脑，身体的部分器官如颈椎、腰椎或眼睛就会产生不舒服的感觉。如果既不改正，也不进行保健预防，再经过一段时间，颈椎、腰椎或眼睛就可能患病，这是一个长期累积的过程。任何活动都是一样的道理，不按照规律活动，就会对生理造成伤害。

各种活动都有各自的规律，规律表现为各种知识技能、道德法律、制度规程等，个人认识和掌握的规律越多，心理越健康。如果个人心理健康，活动安排科学，在活动中也能注意生理的承受能力，避免过度的情绪反应，就能在活动中保证身体健康；如果个人心理不健康，活动安排不科学，违背规律，在活动中不考虑生理的承受能力，就会对生理造成伤害，长时间积累就会生病，患病的直接原因是不科学使用生理。另外，个人活动总是存在外部环境，某些外部因素可能对身体有害，个人心理健康就会主动识别潜在的健康风险，主动采取措施预防可能对生理造成的伤害。从以上分析可以看出，心理健康状况在一定程度上影响了生理健康状况。

2. 生理健康状况是心理健康状况的反映

个人生理状况受制于个人活动，个人活动受个人意识支配，并受外部因素的影响，个人活动的结果主要表现在三方面：一是财富名誉地位，二是关系状况，三是生理状况。其中，个人生理状况主要包括三个方面，第一个是个人所有活动对生理产生的影响；第二个是个人活动中的情绪、情感体验由生理来承担；第三个是活动中受到外部因素的影响也会反映到生理上。因此，所有活动最终的承受体是生理系统，不论主动使用还是被动承受。心理健康、外部因素与生理健康的关系是本质与现象的关系，现象是本质的反映，生理健康状况可以间接反映个人心理健康状况与外部因素。在分析人的患病原因时，都可以归结到人的生活方式、遗传因素、自然因素、社会因素几方面。其中，生活方式是主要因素，生活方式受制于个人心理，也可以说，生理健康状况主要反映了心理健康状况。比如，在癌症、艾滋病等疾病高发地区，经深入调查后发现，疾病产生的原因是有害的生活饮食习惯、吸毒或使用不洁的医疗器具。又如，有的人三十多岁就患了癌症，分析患病的原因就是长期有害的饮食习惯和工作、生活习惯，归根结底是心理不健康；新闻时常报道过劳死亡的实例，在分析死亡原因时，都可以发现他们的生活方式不科学，如经常加班、熬夜、不规律饮食、心理负担大等，这些都说明其心理不健康。从上面的分析来看，生理健康状况反映了一个人心理健康的状况。

综上所述，生理状况是个人活动使用生理的累积结果，在各种活动中服从规律，科学使用身体，生理受到的伤害就少，身体就更健康；在活动中不遵循规律常常伤害生理，就容易患病。活动的科学性由心理健康状况决定，长期心理不健康，生理也会不健康。人老了，器官功能衰退，患病是自然规律，但是最早产生疾病的往往是受到伤害最多的生理器官。心理健康第一位，生理健康第二位，心理健康主导生理健康，个人要抓住健康的主要矛盾，积极采取措施预防内外部因素可能对生理造成的伤害，才能最大限度地保证个人生理健康。

三、患病的本质及生理治疗

患病是不健康的表现，个人患病的原因往往是个人、他人或社会不遵循规律活动。从上文知道，生理健康的 60% 取决于个人生活方式。在分析患病的原因时，深层次的原因往往是个人的心理意识问题。从影响生理健康的几个因素来分析，个人生活方式完全是主观因素，先天遗传、社会条件、医疗条件、气候与地理条件等因素对于个人来说是被动的，个人无法改变，但是个人可以调整其活动来预防可能产生的疾病，只要个人意识到健康风险，时刻都可以主动预防疾病。

人的身体好像一台精密复杂的设备，由许多零部件组成，大脑也是一个部件，不过它是指挥中枢，下达各种指令，大脑服从个人意识，大脑根据个人掌握的知识和技能开展活动，如果个人掌握足够多的健康知识，在活动时会考虑生理器官的承受能力和外在因素，按照生理的规律开展活动；如果觉得生理状况和活动无关，就不会考虑身体的承受能力，有时完全违背生理规律，经常不科学地使用自己的身体。人们在使用某种设备时，要知道设备的使用性能、功能、负荷，按照操作规程使用，如果长时间超负荷或不正确地使用设备，设备就会发生故障。同样，人的身体同设备一模一样，哪些器官不科学使用，就可能导致其发生病变，这个病变不是一次就会发生，它是长时间的积累，发现时只好求助医生治疗。

从以上分析看，患病的本质是不科学使用生理的结果（这里说的患病不包括组织器官功能衰退产生的疾病及先天遗传），包括主动使用和被动承受，主动使用是指个人活动对身体的使用，被动承受是指个人在活动中身体受到个人无法左右的外部因素的影响，如空气、水和食物、阳光、地理环境、卫生条件、意外伤害或其他因素，使用的结果最终都要反映在生理状况上。

传统上说，西医治标、中医治本，但是对个人来说这是一个误区，生理治疗的本质是减轻或消除生理上的异常症状，减少痛苦，中西医只是治疗疾病的两种途径，如果认识不到生理与心理的关系，不知道保健和预防的重要性，治疗后如果继续错误地活动，还会患病。即使再好的医生也医治不了患者对健康的无知，健康盲是导致疾病高发的原因。真正患病的原因是个人意识，造成病变的根本原因是对健康知识的缺乏和不科学地使用身体，医生只能减轻生理上的痛苦，消除疾病产生的症状，如果个人意识不到心理上的不健康，病好后还会复发。因此，医生在看病时，告诉病人的禁忌，实际上是要求病人科学地使用身体，但是许多人对治疗的认识仅限于生理治疗，患了病就依靠医生，并没有认识到心理和生理的关系。

四、防病治病的原则和基本方法

从前文的分析可知，生理健康受制于心理健康，个人心理健康能预防大多数的疾病，要树立预防为主的理念。但由于个人实现心理健康需要相当长的时间，在此过程中会不科学地使用身体，对生理产生伤害。遗传因素和有害的外部因素也会对生理产生伤害，且人类对生理及疾病的认识在不断深化，因此，患病是不可避免的。如何与疾病作斗争也非常重要，防病治病要注意以下几个方面。

个人要树立健康第一、预防为主、防治结合的防治原则。这个理念同企业安全管理中提出的安全第一、预防为主一样。事实上，个人健康如同企业的安全，企业生产要安全，个人活动要有健康的身体。企业安全生产关键在于预防，个人避免患病的关键也在于预防。个人可能患上各种各样的疾病，不可能针对每种疾病进行预防，要在活动中倡导科学的方式，养成良好的习惯，时刻把安全健康放在第一位，懂得一定的健康知识，遵守各种制度、操作规程，按照道德法律处理与他人或社会的关系。疾病要预防，在个人的一切活动中，只有时刻关注身体健康，才能最大限度地避免患病。如果个人不主动预防疾病，疾病就会主动找上你。对于未成年人和老年人，要针对他们的特点，采取必要的预防措施。

预防职业病。职业病是一种慢性疾病，是由于工作中的有害因素或有害的工作方式对身体造成的慢性伤害。对待职业病重在预防，不仅在思想上，更要在行动上，作业前按照要求做好安全防护措施，遵守作业的安全制度、规程等，按期体检，如果已经患上了轻微的职业病，应采取相应的措施，防止病情加重。

患病就要及时就医，找专业的医生治疗。由于个人缺乏生理系统、疾病及药品方面的知识，无法科学用药，更不能迷信，采用不科学的方法。治疗生理疾病的同时，更应查找患病的原因，反思生活中是否有不科学的生活方式，若有应及时改正。

对于遗传因素、社会因素、环境因素、医疗因素等导致的难以治疗的疾病，个人要有长期与疾病作斗争的思想准备，尽可能把疾病控制在一定程度，使之不影响或少影响个人的生活。治疗疾病要从治疗和保健康复两个途径同时进行，争取通过保健、锻炼等途径达到康复或预防的目的，个人要有信心，相信自己能战胜疾病。

要认识情绪与健康的关系、情绪对生理的影响，做到情绪健康。个人时刻体验着，在某个时刻不是喜悦、平和的积极心境，就是痛苦、焦虑、恐惧、抑郁等消极心境，非此即彼。个人要防止过度的情绪反应，不论是积极的还是消极的，都会对生理产生伤害，过度的消极情绪、情感对个人伤害更大。个人如果存在心理疾病，应及时治疗。

▌五、实现心理健康

心理健康是幸福的保证，可以从以下几方面学习和实践。

1. 要系统地学习各类知识，掌握事物及活动的规律

心理健康就是要正确认识事物的本质及发展规律，与个人活动相关的道德法律、制度规程、生活相关知识等是事物本质及发展规律的体现，都要学习，如健康知识、安全知识、工作知识、交往礼仪、处理家庭关系的技巧、养育孩子的知识等，更重要的是学习普通心理学、马克思主义哲学等，以及与生活密切相关的经济知识、道德法律法规等。一部分是生活工作的基础知识，一部分是认识自己和社会的知识，要始终保持科学地认识自己和社会，只有科学的认识才可能产生正确的行动。

2. 要勇于实践，持续增强个人能力

心理健康与个人能力有关，增强个体能力就要大量参加社会实践，把学到的理论知识转化为个人技能。每个人都经过了多年的教育，掌握的知识不少，关键在于能否将其转化成各种技能。有了技能才能为社会创造财富，实现个人价值。获得技能的方法是参加社会实践，只有实践才能获得技能，只有实践才能认识自己和社会，只有在实践中才能正确进行自我评价，认识并改正个人的缺点，不断提高个人能力。

3.要树立以人为本的理念，保持身心健康

以人为本的理念体现了对生命的尊重，是人类发展到一定阶段正确对待自身的体现。社会倡导以人为本的理念，个人更应注重将以人为本的思想贯穿于所有活动中。按照人的生理、心理特点规律安排各种活动，养成科学的生活方式，科学使用自己的身体，使自己的生理系统在一个允许的范围内工作，理性对待外来信息及事件，做出适度的情绪反应和适宜的行为。

4.要遵守社会道德礼仪，处理好与他人、社会的关系

心理健康表现的重要方面是建立和谐的人际关系，即如何处理好人与人、人与社会的关系，就是要用道德标准衡量自己的行为，特别是要遵守社会公德。道德是文明的象征，是做人的准则，在与人交往的过程中不能只考虑个人利益，还要考虑他人和社会的利益，不能通过伤害他人或社会的利益实现个人的利益，要努力做到"你们愿意人怎样待你们，你们也要怎样待人"，践行孔子"己所不欲，勿施于人"的理念。随着生产力的发展，人与人的交往日益频繁，个人要营造和谐的人际关系，就得用道德礼仪规范约束自己的行为。

第三章　个人能力

第一节　个人能力

一、个人能力的概念

　　能力在普通心理学上是指人们成功地完成某种活动所必须具备的个性心理特征，是顺利完成某一活动所必需的心理条件。能力是运用知识、技能经过反复实践而获得的，是人依靠自我的知识、技能等去认识和改造世界表现出来的身心能量。简单地说，一个人能做什么事，有什么本领，就是个人能力。从哲学上讲，个人能力是个人认识并改造主客观世界的本领，表现为创造社会财富的多少。个人能力包括个体能力和个人关系能力两方面，个体能力是指个人具备的能力，个人关系能力是个人能力的重要组成部分，伴随个人的一生。如果不能认识到这一点，就不能正确地认识自己和他人。

　　个体能力表现在掌握运用文化的本领上，简单地说，个人不依靠关系能做什么事，有什么本领。个体能力随着个人成长而增强，个体能力是个人活动的结果，是个人掌握和运用知识技能的表现。个体能力是生理和心理两方面的有机结合，生理方面主要指生理上的综合素质，心理方面主要指个人吸收和运用文化的本领。获得能力的过程一是不断学习，二是勇于实践。知识是技能的前提，能力的获得需要先学习理论知识，后经过实践将知识转变为技能，经过不断学习、实践和总结，提高技能，重复这一过程，以获得较高的能力。个人关系能力是指与个人存在社会关系，并能够影响个人活动的所有人的能力的总和。这里的社会关系主要是指关系密切的人，关系越密切，对个人能力的影响越大。个人存在各种社会关系，如父母、儿女、爱人、兄弟姐妹、同学战友、领导同事、恋人朋友、师徒关系等，这些人能力的总和就是个人关系能力，个人关系能力的发挥与个人的亲密程度成正比，与自己越亲密的人，对个人的活动影响越大。一个人生活在社会上离不开个人关系能力，它是个人生存和发展不可缺少的一部分。

二、个体能力的种类

个人能力类别有健康能力、工作能力、处理婚姻和家庭关系的能力、养育儿女的能力等。

1. 健康能力

健康能力是指一个人保持生理健康的能力，表现为个人在所有活动中保持生理健康，逐步走向心理健康。健康能力体现在各种活动中生理不受到伤害，这是最基本的能力，是保证其他能力发挥、发展的前提。在活动中，把危害健康的因素识别出来加以评价，采取必要的措施，防止健康隐患，从而做到身心健康。

2. 工作能力

工作能力是指个人能够胜任自己的工作岗位，具有熟练的工作技能，保证个人有稳定的收入，衡量工作能力的指标是在工作中为社会创造财富的多少，在为社会创造财富的同时，给自己带来稳定收入。工作是谋生的手段，具有较高的工作能力是个人生活的基础，需要个人熟练掌握相应的专业知识和技能。工作能力包含社交能力，工作可能要与各种人打交道，个人要学习相关的礼仪、交往技巧，提高自己的社交能力。

3. 和谐婚姻的能力

和谐婚姻的能力指处理夫妻关系的能力。和谐的婚姻是家庭幸福的保障，婚姻的基础是爱情，稳定的婚姻对两个人爱情的严峻考验。和谐婚姻要求夫妻双方都需履行婚姻内的义务，恪守职责，不断学习提高，用动态的爱情观增强婚姻的牢固度。同时，学会换位思考，主动为对方付出，相互理解和包容，不要互相伤害，为对方做有意义的事。婚姻是家庭的基础，婚姻和谐了，家庭关系就好处理。

4. 处理家庭关系的能力

在家庭生活中，人们每天都要和家庭成员打交道，处理好这些关系至关重要，比如父母关系、婆媳关系、子女关系、兄弟姐妹关系等。亲情是人生重要的情感之一，时刻影响个人的幸福。处理家庭关系不像工作关系那么简单，处理家庭关系需要较高的灵活性和技巧性，家庭不和谐会直接影响个人的其他活动，这种能力直接关系到个人、爱人、孩子、父母、兄弟姐妹等人的幸福。

5. 养育儿女的能力

儿女是父母的继承者、文明的传递者，父母应该学习从怀孕到养育孩子的各种知识和技能，抚养孩子是个人的社会责任。有人说，父母是职业性很强的工作，大多数人没有经过培训就上岗了。这话说得非常好，男女双方虽然结婚了，但不等于成为合格的父母。做孩子的父母与个人单独生活有很大差别，怎样生个健康的宝宝，怎样把孩子培养成一个独立的、对社会有用的人才，都需要相应的能力。个人要用道德、科学的方法教育孩子，以身作则，为孩子树立榜样，要让其感受到爱并接受教育，全面发展，保证孩子的生理和心理都能够健康成长。

三、评价个人能力的指标

评价个人能力的指标很多，最常见的有智商、德商、健商、志商、情商等。智商就是智力商数。智力通常被称为智慧，也叫智能，是人们认识客观事物并运用知识解决实际问题的能力。智力包括多个方面，如观察力、记忆力、想象力、分析判断能力、思维能力、应变能力等，智力的高低通常用智力商数来表示，用以标示智力发展水平。一般来讲，智商越高的人越聪明。

德商是指一个人的道德人格品质。德商的内容包括体贴、尊重、容忍、宽容、诚实、负责、平和、忠心、礼貌、幽默等各种美德。它是美国学者道格·莱尼克（Doug Lennick）和弗雷德·基尔（Fred Kiel）提出的，他们把"德商"定义为"一种精神、智力上的能力，它决定人们如何将人类普遍适用的一些原则（正直、责任感、同情心和宽恕）运用到个人的价值观、目标和行动中去"。道德的力量很强大，俗话说小胜凭智，大胜凭德。

健商是由加拿大医学专家谢华真教授提出的，它代表一个人的健康智慧及其对健康的态度。从宏观上说，健商是指一个人已具备和应具备的健康意识、健康知识和健康能力，主要包括五大要素：一是自我保健，不把自己的健康都交给医生，通过健康的生活方式、乐观的生活态度实现身心健康；二是健康知识，个人对健康知识掌握得越多，就越能对自己的健康作出明智的选择；三是生活方式，作息、饮食、工作等生活习惯和方式，对健康的作用举足轻重；四是精神健康，克服焦虑、愤怒和压抑的情绪，对健康至关重要，精神上感到满足的人，常能健康长寿；五是生活技能，通过重新评估环境，包括工作和人际关系来改善生活，掌握健康的秘诀和方法。

志商的概念是中国心理学教授许燕提出的。志商指一个人的意志品质水平，包括坚韧性、目的性、果断性、自制力等方面。简单地说，就是确定和实现人生志向和目标的能力。如果没有极强的目标作为支撑，个人不可能得到全面的发展。中国有句古话"有志者事竟成"，墨子有句名言，"志不强者智不达"，都揭示了志向的重要性。如果没有明确的志向或长期目标，就不会对人生作出规划，无法系统、全面地提高个人能力，也不能把个人的潜能挖掘出来。大仲马说："生活没有目标就像航海没有指南针。"从这个意义上讲，目标、理想非常重要。

情商也是情绪智力，是与智商相对应的概念，它主要是指人在情绪、情感、意志、耐受挫折等方面的品质。美国心理学家丹尼尔·戈尔曼 (Daniel Goleman) 把情商概括为五个方面的内容：一是认识自身的情绪，只有认识自己，才能成为自己生活的主宰；二是能妥善管理自己的情绪，即能调控自己；三是自我激励，它能使人走出生命的低潮，重新出发；四是认知他人的情绪，这是与他人正常交往、实现顺利沟通的基础；五是人际关系的管理，即领导和管理能力。

四、个体能力与个人关系能力的辩证关系

个体能力和个人关系能力统一为一个整体，表现为个人能力，个体能力与个人关系能力相互依赖、相互作用、相互制约，个体能力与个人关系能力的关系相当于唯物辩证法中内因和外因的关系。

1. 在个人能力中，个体能力是个人发展的基础，居主要地位，起主导作用

个人关系能力处于从属地位，起次要作用，二者是主要矛盾和次要矛盾的关系。个体能力决定个人的发展方向和趋势，它是个人变化的动力源泉，是一个人区别于他人的本质。一个人的成长，是在个体能力的基础上发展起来的，个体能力不同，在同样的外部环境下也会有不同的结果。个体能力的高低会直接影响个人关系，从而影响个人关系能力。人的一生要与许多人产生各种各样的关系，如何处理好这些关系，还是个体能力的问题。个人掌握和运用交际知识技巧的能力会直接影响各种关系，交际能力强就能处理好各种关系，从而增强个人关系能力。

2. 个人关系能力是个人成长发展的外部条件，是必要条件

个人关系能力对个人发展的作用在不同时期的表现也不同。一般来说，个人关系能力只能加速或延缓个人发展，对个体能力带来各种影响，局部改变个人的发展面貌。但在一定的条件下，个人关系能力对个人成长发展起着决定性作用，比如，在被抚养和被赡养阶段，个人关系能力就显得特别重要。

3. 个人关系能力通过个体才能起作用

个人的主要关系对个人成长起着重要作用，有时对个人

的成长起着决定作用，可以决定一个人的生存或世界观的重大变化。但是，不管个人关系能力多大，都必须通过个体能力才能表现出来。个人关系能力只有作用到具体的个体上，才能发挥作用；个人只有把个人关系能力转化为自己的活动，才能表现出来。

认清个体能力和个人关系能力，能正确地认识自己和他人，不盲目攀比，树立适合个人的目标。在个人成长过程中，个体能力和个人关系能力都不可或缺，个体能力对个人来说是内因，起关键作用，个人活动应以个体能力为主，个人关系能力为辅，要重视发展个体能力，不能过分依赖个人关系的能力，否则是对个体能力的一种否定，会大大削弱个体能力。

第二节　主动人生

一、人生阶段划分

个人能力一生中都在发生变化，个人能力从小到大，从大到强，由强转弱。个人能力是个人矛盾运动的结果，个人的内外部矛盾推动个体成长，个人成长是扬弃的过程，符合否定之否定的规律。否定之否定规律是事物的自我发展规律，辩证的否定指的是事物的自我否定，不是外部的否定，是人为发展自身、完善自身的否定，事物的自我发展、自我完善的整个过程，就是"肯定—否定—否定之否定"的过程。根据个人能否独立生活，可以把人的一生分为三个阶段：被抚养阶段、独立阶段、被赡养阶段。

被抚养阶段指一个人从出生到独立生活的阶段，这个阶段个人不能独立生活，由父母或其他人抚养长大，主要依靠个人关系或社会。这个阶段，个人的生理和心理都在不断成长，个人能力随着年龄的增长而显著提高，两方面都不能满足个人独立生活的要求或没有收入无法独立生活。独立阶段是指一个人从独立生活开始到不能独立生活为止，随着年龄的增长，个体生理发育成熟，通过学习和实践掌握了必要的知识技能，个人通过劳动获得收入，能够独立生活，这个阶段持续到由于生理原因不能独立生活。这个阶段要成家立业、养育儿女、赡养老人等，个体能力不断发生变化，成长、成熟、衰老。在此过程中，个人的生理、心理两方面都能满足独立生活的要求。被赡养阶段指独立阶段以后的时间，是人生的最后一个阶段，由于年龄的增长，个人的生理功能不断退化或产生疾病，进入衰老期，生理功能不能满足独立生活的要求，由儿女或他人赡养直到死亡，这段时期要依靠个人关系或社会。

▌二、被抚养阶段与被赡养阶段

人生的三个阶段，被抚养阶段、独立阶段和被赡养阶段，除独立阶段外，其他两个阶段都需要人照顾，但这两个阶段有所不同，被抚养阶段的生理和心理状况显著变化，生理发育逐步成熟，素质由弱到强，心理从一片空白到掌握许多知识技能，但在被抚养阶段，个人的生理、心理两方面都不能满足独立生活的要求或没有收入。被赡养阶段的生理功能每况愈下，生理上无法满足个人独立生活。在被抚养阶段，由于个人能力不能满足独立生活的需要，从婴儿开始需要他人照顾，被抚养长大，在此过程中，个人与抚养人之间的关系是被动的。被赡养阶段之前，个人付出了大量心血，养育了儿女，创造了财富，传承了文明，为社会作出了贡献，理应受到儿女的赡养和社会的尊敬。虽然个人即将离去，但是由他的儿女和其他人作为个人的延伸，又担负起传承文明、创造财富的职能，包含在否定之否定的环节中。

人生的三个阶段体现了事物自身发展、自我完善的过程，经历了一次否定，一次否定之否定，完成了一个发展周期。同时，在这个周期中孕育出了另一个更高水平的周期，完成了文明的传承和进步。

三、唯物与唯心、主动与被动

唯物与唯心、主动和被动是两对哲学范畴，与个人能力有很大关系。唯物与唯心是对个人认识的一种评判，是对世界认识的两种倾向，唯物就是对事物的认识和判断完全以客观事实及规律为依据，不加入任何主观意愿；唯心是对事物的认识和判断完全凭个人的感觉、经验作出评判，对客观事实及规律概不采纳，这两种倾向是认识上的极端，在现实中不存在。从广义上讲，对事物的认识、评判都是根据个人的思想进行判断。可以说，个人的任何认识、判断都是唯心的，但是这种认识和判断是个人根据自己的经历和客观事实进行的，从这方面讲，个人的任何认识、判断都有唯物和唯心两种成分。个人意识不存在完全唯物和完全唯心，只是由于个人对世界认识的程度不同，掌握客观规律多少，唯物和唯心的成分多少而已。未成年人由于缺乏认识世界的知识和技能，对世界的看法唯心成分多一点，唯物成分少，个人能力就弱；一个成熟的人做事情分析问题时考虑周到，唯物成分多，唯心成分少，个人能力就强，因而更能准确地把握世界，掌握自己的人生。个人成长的过程是个人能力提高的过程，也是认识上从唯心向唯物转变的过程，认识中的唯物成分越多，获得成功的可能性越大；认识中的唯心成分越多，失败的概率越大。

主动与被动是个人对人生的态度，态度决定行动，不同的态度对人生有重大影响。对个人来说，有目的的自觉的行动称为主动，没有目的或依靠外力的行动称为被动。从狭义上讲，没有认识到人生的意义及目的，被个人的吃穿住行等奴役的生活，都是被动的人生。许多人没有认识到人生的意义，没有人生目标，为了生活而生活，这样的人生是被动的。只有认识到人生的意义，有明确的信仰、人生目标或阶段性目标的人生才是主动的人生。从广义上讲，每个人都是有思想的，个人的所有活动都是有目的的，可以说，所有活动都是主动的，这就表现出了个人具体活动的主动与整个人生被动的矛盾。人生只有主动和被动，苏格拉底说："未经审视的人生不值得度过。"个人怎样从被动人生转化为主动人生，值得每个人思考。主动人生体现了人是命运的主人，人类进步反映在越来越多的人由被动人生向主动人生转变上。

唯物和唯心、主动和被动是较为重要的两对范畴，相当于认识和实践的关系。个人认识中，唯物成分多，人生多主动，个人能力就强；唯心成分多，人生就被动，个人能力就弱。主动生活快乐多，被动生活痛苦多。

四、持续提高个人能力，实现人生主动

提高个人能力就是增强个人掌握、运用优秀文化的本领，个人能力越强，就会创造越多的社会财富，个人能支配的财富也就越多，幸福度就会增强。如何持续提高个人能力，实现主动人生，可以从以下几方面做起。

1.有计划、系统地学习各类知识

　　每个人从小都应该接受教育，学习各类基础知识，这是立足社会的根本。随着年龄的增长，还要学习健康知识、工作的专业知识、礼仪交往技巧、处理家庭关系的技巧、养育孩子的知识等。更重要的是，还要学习普通心理学、马克思主义哲学以及其他哲学的优秀成分、经济知识、与生活联系密切的道德法律法规等，与人生活相关的知识都要学习，缺哪部分都不全面，都会影响正确认识世界，影响个人的世界观。另外，要根据个人的目标系统学习，对于需要学习的知识，要制订学习计划，不断积累知识。知识是活动的规律，掌握知识是顺利开展活动的前提。

2.勇于实践、敢于创新、不断追求，努力实现个人目标

　　想增强个人能力就要勇于参加社会实践，把学到的知识转化为个人技能，只有掌握技能才能为社会创造财富。每个人都经过多年的教育，掌握了许多知识，知识是实践的前提，要把知识转化为各种技能。知识改变命运，但不参加社会实践，无法真正学到知识和技能，更谈不上为社会创造财富。只学习知识而不能将其转化为技能，理论不联系实践，重知识、轻技能，都是错误的学习态度。个人能力的大小与知识的拥有量不完全成正比，只有掌握技能才能创造财富，获得技能的途径只有实践，只有多实践才能增强个人能力。同时，个人要善于在原有的基础上进行创新，要注意观察和总结，敢于在旧事物的基础上创新，创造出符合社会发展的新事物，才可能获得较大成就。个人在实践中思考人生方向，培养个人爱好，确定个人目标，为实现个人目标不断努力，个人的能力才能系统、全面地提高，从而做到人生主动。

3. 勤于思考、善于总结、自我否定、自我超越

个人要重视活动前的策划和活动后的总结，挫折和失败是个人成长中必然要经历的，面对挫折和失败要多分析主观原因，时刻把握哲学中内外因的辩证关系，结合个人活动的经验教训，用辩证法的基本原理对失败和成功进行总结、提高。同时，应善于自我否定，认识到自己的不足并改正是提高的开始，不断自我超越，每天提高一点点，个人能力就会逐渐增强。

4. 处理好与他人和社会的关系

人际关系能力是个人能力的重要组成，结识新朋友，处理好个人关系就能增强个人能力。尊重、沟通、合作是处理人际关系的法宝。个人关系分为两种。一种是善意的关系，希望自己好的人总是想办法帮助自己。一种是不友好甚至是对立的关系，一个人在长期活动中，由于某些原因曾经伤害了一些人，或多或少存在与其对立的关系，这种关系对个人不利，个人应减少这种关系，与他人多沟通。如果是个人的错误，要勇于承担责任，对他人产生了伤害，要真诚道歉并补偿，保证绝大部分社会关系和谐。一个人要时刻注意提高道德修养，与人交往要符合道德和社交礼仪，在活动中不能为个人利益而伤害他人或社会的利益。

一个人要不断地学习、认识和实践，更要不断地思考和总结，持续提高个人能力。人的一生就是无数次重复学习、实践、总结、提高的过程，能力就在这一过程中不断提高，通过努力成就最好的自己，实现主动人生。

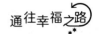

第四章　认识自己和社会

　　个人怎样认识人、社会和自然，就会产生什么样的世界观。世界观主导价值观，价值观决定个人活动，每个人的活动归根结底都与世界观有联系，人生痛苦和烦恼的根源都可追溯到世界观。科学、理性地认识世界，才能树立正确的世界观，从而做出适当的行为。其中，认识自己和社会是最重要的内容。

第一节　认识自己

　　个人在活动中不断地认识客观世界，也在改变着主观世界。许多人都有同样的感受：人的一生是不断认识自己，和自己作斗争的过程。认识自己是一生中最重要的事情，但是人们往往缺乏对自己的认识。苏轼在诗中写道："不识庐山真面目，只缘身在此山中。"由于人是生理和心理的统一体，这也是难以认识自我的原因，如果不学习马克思主义哲学和心理学知识，就不能正确认识自己。

一、认识自己的重要性

　　认识自己是幸福的基础。几千年前，古希腊的德尔斐神庙有一块石碑，上面刻着"认识你自己！"苏格拉底将其作为自己哲学原则的宣言，具有十分重要的意义；老子说"知人者智，自知者明，胜人者有力，自胜者强"，说明了认识自己的重要性。认识自己是幸福生活的前提，心理健康是幸福生活的根本保证，如何做到心理健康，主要是正确认识客观世界和主观世界，认识主观世界就是认识自己。

认识自己是制定目标的基础。认识自己就是认识自己的能力，是正确自我评价的基础，是制定长期目标的根本，如果不能正确认识自己的长处短处、优点缺点，就无法正确规划自己的人生。如果制定的目标不科学，认识不到自己的缺点，就无法改正，从而给自己或他人带来伤害。可以说，不认识自己，就不具备规划人生的能力。

■ 二、认识自己的内容

认识自己主要是认识个人能力，包括个人的生理、意识、社会关系等内容。

1. 认识个人生理状况

生理是个人活动的基础，要对人的生理结构及成长特点有所了解。人是最高级的生物，有着复杂的生理系统，各个子系统之间相互关联、相互作用，要科学认识生理的结构功能、人生各个阶段的生理特点。认识个人的生理现状，通过体检认清个人的生理现状、特点以及身体有哪些疾病。

2. 认识个人意识

每个人经过长期的社会活动都会形成个人意识，认识自己的关键是认识个人意识。首先，认识个人间接意识，包括个人的世界观和性格、个人所爱及目标。性格是世界观的外在表现，普通心理学描述的性格主要有以下内容：一是性格的态度特征，对社会、集体和他人的态度、对工作生活的态度、对自己的态度；二是性格的意志特征，包括行为目的明确程度的特征、行为自觉控制水平的特征、在长期工作中表现出来的特征、在紧急或困难下表现出来的特征；三是性格情绪特征，如情绪强度特征、情绪稳定特征、情绪持久特征、主导心境特征；四是性格的理智特征，包括感知方面、记忆方

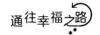

面、想象方面、思维方面。认识自己的性格,实际上是认识自己的长处短处、优点缺点。认识个人爱好和目标,这对个人活动的选择有重大影响。其次,认识个人直接意识,包括个人掌握的知识技能、情绪情感特点等,个人经过教育培训、自学及实践,对自己掌握的知识技能、道德法律等进行梳理,掌握现状,认识个人的情绪情感,了解个人的情绪特点。

3. 认识个人人际关系现状与个人工作现状

个人能力的一部分是个人关系能力,要正确认识个人主要的社会关系及个人关系能力,其与主要社会关系的感情。个人关系能力是外因,是个人能力的延伸。认识个人工作现状、工作特点、人际关系等。

三、认识自己的途径

可以从以下三个途径来认识自己。

1. 学习必要的知识,定期进行生理检查,了解个人的生理和心理状况

个人要学习相关的生理知识,从理论上掌握自己的生理结构和特点,充分了解个人意识的物质载体,掌握生理在各个年龄段的特征。成年之后,要定期体检,掌握自己的生理状况。要学习马克思主义哲学和普通心理学,了解心理意识的内容,心理的发展规律,要清楚自己有哪些知识技能,从理论上认识生理和心理。

2. 从实践中认识自己

歌德说:"一个人怎样才能认识自己,绝不是思考的问题,而是实践,尽力去履行你的职责,你会知道你的价值。"一个人的能力是在活动中不断表现出来的。个人要勇于实践,只有在社会活动中才能真正认识自己,根据自己的活动结果

分析自己能做什么、不能做什么、擅长做什么、不喜欢做什么，就是认识自己的优点缺点、长处短处，只有在实践中才能全面认识自己的能力。

3.从外界的评价中认识自己

一个人是优秀还是普通，能力强还是弱，个人对自己的评价往往不全面，而他人或组织对个人的评价则比较公正、客观，个人要和他人多交往、多沟通，在交往中通过他人的评价认识自己；组织对员工进行评价，是站在组织的角度，个人要正确对待组织的评价；在外界评价中，往往对个人的表扬比较多，对缺点谈得少，个人要注意分析这些评价，正确对待。

四、认识自己的目的

认识自己主要有三个目的。一是根据个人的生理状况，调整个人活动，保证个人生理健康。二是能进行正确的自我评价，认识到缺点并改正。一个人不可能生来就具备科学的思想，如果不能全面、科学地认识主客观世界，就会存在缺点，就可能在活动中伤害个人、他人或社会。因此，应注意改正缺点。三是认清个人的长处和爱好，利于个人的长期发展，扬长避短，培养个人爱好，使其成为个人事业的起点或树立目标的基础，做最好的自己。

第二节 认识社会

一、关于马克思主义哲学

每个人对社会都有自己的看法，许多人只是凭感性去认识社会，往往对社会的认识不全面。真正要认识社会，必须学习马克思主义哲学和政治经济学，但是，人们一提起马克思主义，往往认为那是政治，离普通老百姓太远，对那些难以理解、枯燥无味的语句望而却步。由于种种原因，世界文化几千年的发展成果存在这样一个局面：只有哲学教师才看这类书，学生们只是为了考试才学习，许多人学校毕业后再也不看这类书。

从文化发展的角度来说，马克思主义哲学不单纯是个人的学说，它是继承了世界优秀哲学思想和科学发展的哲学，是人类文化发展的最高哲学成就，是科学的哲学。马克思主义哲学揭示了事物发展的普遍规律，和数学、物理等科学知识一样要学习，要从这个角度去认识，不能简单地理解为马克思个人的学说，因而可以不学习与实践，这等于在走前人已经走过了无数次的路，单凭个人的实践无法达到马克思主义哲学的高度。自然科学指导人类创造物质财富，科学的哲学指导人类获得幸福。

马克思主义哲学虽然难学，但是有方法。

第一，多读。中国有句古话：书读百遍，其义自见。多么难懂的书，读得遍数多了，意思就明白了。最难理解的是辩证唯物主义，这是最抽象的理论，要多读、多联系实际。历史唯物主义是将辩证唯物法的基本原理引入历史观，人们可以结合本国历史和世界历史，这样比较好理解。历史唯物主义揭示，人类社会发展的高级阶段是共产主义，这是从否定之否定的规律推导出来的，理论是否正确最终还要经过实践的检验，但重要的是，要用社会的主要矛盾来认识社会、改造社会。生产力和生产关系、经济基础和上层建筑的矛盾是整个社会的基本矛盾，各个国家的现状都说明了这个问题。

哲学书籍虽然不好理解，但是不难理解，要多读、多联系。

第二，多实践，理论多联系实践。把生活中的事例和哲学联系起来更容易理解，事物发展规律都符合马克思主义哲学关于事物联系和发展的三大规律，结合个人的活动与各个规律进行分析，就能提高个人认识。实事求是、具体问题具体分析是马克思主义哲学的精髓，个人活动也要按照这个原则来实践。马克思主义哲学中的语句如"物质转化为意识，意识又转化为物质""质变中有量变，量变中有质变"，这些术语个人可能觉得矛盾，其实它是从不同的角度看问题，联系多了就能理解了。

第三，学习其他哲学的合理成分，并与马克思主义哲学相结合。从道理上讲，二者是相通的，都是符合辩证唯物主义的基本原理。比如，中国"四书"的《中庸》和辩证法，揭示的道理都是做人做事保持适度，不要过于极端；中国"四书"的《大学》中提到的修身齐家治国平天下和矛盾论中的内外因关系一致。西方哲学研究怎样做事，中国哲学强调如何做人，印度哲学在于如何解脱痛苦，即如何做自己，学习时要注意吸收古代哲学的精华，与马克思主义哲学基本原理相联系。

二、认识社会

1. 认识社会的构成

面对这么复杂的社会环境，个人总觉得自己很渺小，世界很神秘，社会上的人、组织机构、企业团体很多，因此，要掌握马克思主义哲学这个认识社会的重要工具。按照实践的形式划分，实践主要包括物质资料生产实践、处理社会关系实践、科学实验等，从事各种实践必然有相应的群体。其中，物质资料生产的实践是最基本的实践，是决定其他实践产生和发展的前提，从事这种实践的人数最多，是最大的群体。这个群体负责生产销售生活资料、生产资料或提供服务，从事体力劳动、半体力劳动和半脑力劳动，随着信息智能技术的发展，也存在纯脑力劳动。从事处理社会关系的实践可分为两大部分，一部分是处理生产关系的实践，通俗讲就是处理经济关系，这个群体负责处理经济相关的事务，涉及个人、家族、企事业团体、政府等的经济利益，主要是指企事业管理层和金融、财经、税务、审计等行业人员等，从事脑力劳动；另一部分为处理国家政治关系的实践，保证社会内外部秩序的正常，主要是公职人员，从事上层建筑社会意识相关职业的人员也可归到这个层次，如从事教育、宣传、主流文艺等工作的人。从事科学实验的群体相对较少。人们从事不同的职业，站在不同的位置和角度来观察社会、评价同一事件，形成不同的社会群体意识。

2. 认识社会的发展趋势

人类发展到现在，无论实践中还是从理论上均可得出这样的结论：人类社会是从低级向高级发展，人类从求生存向幸福生活发展，从少数人的幸福向多数人的幸福发展，人是社会的主宰，社会的进步是以人类的幸福度来衡量的。原始社会生产力低下，人们对主客观的认识处在萌芽状态，谈不上幸福；进入私有制社会后，随着生产力的提高，少数人获得了较为满意的生活。随着生产力继续提高，获得幸福的人越来越多。因此，从大趋势上讲，人类社会向高级发展，幸福的群体越来越大，幸福度越来越高。虽然世界局部有战争和恐怖活动，但是阻挡不了整个世界向前发展的趋势，知道了这个大方向，人们才能乐观地生活。

3.认识社会发展的主要矛盾，认识社会的不公平及斗争

社会发展的主要矛盾是生产力和生产关系、经济基础和上层建筑的矛盾，个人要用社会的基本矛盾去理解社会现象，个人对整个世界和社会主要矛盾的认识与马克思主义哲学一致，从而正确认识了社会。由于私有制的存在，社会上存在大量的不公平现象，社会不公平在历史发展中长期存在是不可避免的，这种不公平、不合理会随着生产力的提高而趋于公平、合理。人类从生物进化而来，必然要受到自然压迫和社会压迫。自然界的丛林法则也延续到了人类社会，从人类出现就伴随着各种手段，正义、非正义的都有，消极的社会意识有它存在的历史空间,当生产力高度发展,消灭私有制后,这种现象会逐步减少。

社会上存在许多不公平的现象，如人与人之间不平等，存在既得利益者（集团）、各国家（地区）地位不平等，贫困人口大量存在，分配不公等。从整个社会来看，公平是相对的，不公平是绝对的，存在不公平就会有斗争，斗争促进先进文化的传播，是人类进步的过程。斗争无处不在，它是社会发展的动力，人类的发展符合辩证的否定，在人类被动发展阶段，代表先进生产力的群体消灭或控制了代表落后生产力的群体，在此过程中，伴随着大量的人员伤亡。这些人的伤亡和痛苦并不是没有价值的，这是人类发展辩证否定的结果，人类正是在同自己和自然界的斗争中成长起来的。斗争将在人类发展史上长期存在，优秀文化取代落后文化的斗争一刻也不会停止，没有斗争就没有发展。由于社会的进步，

斗争方式不断发生变化，牺牲人类生命的斗争会越来越少，更多的是文化和意识领域的斗争。

4. 认识本国的国情，看清国内形势和国际局势

一个人长期生活在一个国家，有必要认识本国国情和区域特征，主要认识本国的政治、经济、文化、人权状况、地理环境、人口因素等方面的情况,还要认识居住地的社会治安、教育、医疗条件、公共卫生、交通、自然环境、就业、民族宗教等状况，这是认识社会的基本内容。认清本国国情和居住地的情况，目的是根据环境因素调整个人的生活方式，以适应外部环境。随着经济全球化的逐渐深入，地球变得像一个国家，充分认识世界局势和发展趋势，才能全面认识社会。

■ 三、认识社会的目的

1. 适应和改造社会

个人生活在社会中，只有认清社会的本质，才能更好地适应社会，顺应社会发展；认识社会发展规律，才能更好地改造社会，社会的发展不依个人意志为转移。社会不公平是历史的存在，有不公平就存在斗争，要敢于和不合理的事物作斗争，要学习保护个人技能，勇于为个人的合法权利作斗争。网络技术的发展使信息公开化，为促进社会公平、正义提供了平台。

2. 更好地选择个人的发展方向

认识社会要了解社会的需求，分析各种人群的物质需求、文化需求和潜在需求，要把个人的发展方向建立在社会的需求上，如此才不会让个人目标落空。只有正确认识了自己和

社会，才具备规划个人的能力。

3. 获得幸福生活的重要条件

认识社会是树立正确世界观的前提，如果不能正确地认识社会，世界观就不正确，价值观就会出问题。个人行动如果不符合社会规律，会导致行动失败，影响个人生活。认识社会也是认识客观世界的一部分，正确认识社会是个人实现心理健康的必要条件，是获得幸福的基础。

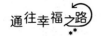

第五章　爱与幸福

　　一个人从小到大要经历许多人生角色，在家庭中，出生后是儿女，结婚后是夫妻，生了孩子成为父母，年龄大了做爷爷奶奶；在社会上，读书期间是学生，参加工作后成为工人、医生、金融财经人员、教师、公务员等，由于社会关系不同，可能还有许多角色。人在某一时刻往往是几个角色的综合体，每个角色都有其权利和义务，与之相对应的是道德法律标准。每个人应尽到各种角色的责任，履行各种角色的义务，这是做人的准则。爱与义务有着紧密的联系，影响着个人的幸福。

　　个人在活动过程中逐渐形成个人意识，对社会的道德法律有自己的认识，每个人并不是完全按照道德法律的规定去履行各种角色的义务，而是有个人的标准，这个标准就是自己的良心，是个人的世界观。《马克思主义哲学大辞典》中解释良心为伦理学范畴之一，是人们在社会实践过程中形成的对自己行为的是非和应负的道德责任的自觉意识。个人同时扮演多个角色，道德法律对每个角色都有不同的要求，一个人作为社会公民，就要受到道德法律的约束。每个人的意识不同，对世界的看法不同，价值观不同，做事的原则也不同。个人的行为往往以道德法律为依据，但又不完全相同，即个人的良心不完全等同于道德法律。

第一节 未履行好义务对个人的影响

■ 一、良心对个人的影响

良心对个人生活有重大意义，对个人的行为具有判断、指导和监督的作用。人们在行为之前，良心能帮助和指导个人进行道德判断，作出符合一定道德准则的抉择；在行为过程中，良心能激励人们自觉自愿地按照一定的道德准则活动，并及时纠正偏离道德准则的思想和行为；行为之后，良心能对自己行为的后果和影响作出一定的评价，对履行道德义务的较好的结果感到满足和欣慰，从而提高道德的自觉性，反之，对不良后果感到内疚和羞愧。因此，不按照良心履行义务会导致个人产生不良的心理感受，产生消极或负面的情绪，影响个人的幸福。

由于每个人的良心不同，对于同样的活动，每个人活动的方式方法也不同，但都希望把各自的事情做好。修养好的人，往往按照道德的标准履行义务；修养差的人，往往违反道德法律去做事。个人觉得应该做的和道德法律的要求存在差别，但是如果没有按照自己的良心履行义务或做了对不起良心的事，且这些事给自己、他人或社会造成了伤害，都会产生不良的心理感受。个人行为受个人良心支配，也受道德法律的约束，如果个人良心与社会道德法律相近，道德法律规定的义务没有履行好，或做了违反道德法律的事，不仅要受到社会舆论或法律的制裁，也会产生不良的心理感受；如果个人良心与社会道德法律相差较大，一般是低于道德标准，虽然法律规定的义务没有履行好，但个人觉得做得没错，就不会产生不良的心理感受。还有在特殊的历史时期，个人为了社会进步参加革命，推翻腐朽的政府，这时违反道德法律也不会产生不良的心理感受，反而觉得是一种使命。因此，未按照良心履行义务产生的不良心理感受和道德舆论、法律制裁不一定同时产生，而是因人因时因事而异。

二、未履行好义务对个人的影响

未按照良心履行好义务产生的不良心理感受主要表现在三个方面。

觉得应该做的事情没有做，会产生不良心理感受。个人在社会关系中有不同的角色，履行不同的义务，个人觉得应该做的事情很多，有的事情由于种种原因没有做，而对他人产生了伤害。比如，"子欲养而亲不待"是许多人一辈子无法释怀的伤痛，有的人父母健在的时候没有意识到亲情的珍贵，没有给予父母多一些爱，甚至还有可能嫌弃父母，当某天意识到这种做法的错误，想要好好对待父母的时候，可能父母已经离世，从而造成一生的悔恨。又如，个人承诺没有兑现也会产生不良的心理感受，如长期在外工作，一年没有见到孩子，承诺春节回家过年，但由于种种原因没有回去，就会对孩子产生内疚感。

觉得应该做的事情没做好会产生不良心理感受。按照个人的想法，应该做的事做了，但各种原因导致事情没有做好，事情的结果与个人意愿相悖。比如，在一次重大的比赛中，个人所在的球队有明显的优势，正常发挥就会取胜，但由于自己的失误输了比赛，个人就会怨恨自己，觉得自己对不起集体而产生自责、悔恨等不良心理感受。又如，帮朋友照看孩子，由于个人的大意，让孩子受到了伤害，个人就会产生不良的心理感受，觉得对不起朋友并内疚。

做了不应该做的事，会产生不良的心理感受。主要是个人做了违反道德或法律的事，一种情况是在活动前认识不到活动的危害或心存侥幸，活动后对个人、他人或社会造成了伤害，从而意识到个人的错误，产生后悔、惭愧等心理感受，如果认识不到，也不会产生不良的心理感受。比如，一个人酒后驾驶车辆发生交通事故，给他人造成了伤害，个人也受到了惩罚，事后意识到个人的行为给他人和自己的家庭造成了伤害，会感到后悔、自责等。另一种情况是为了个人利益故意做了不应该做的事，违反道德或法律，从而产生不良的心理感受。比如，部分领导干部贪污受贿后产生担惊受怕的心理感受，东窗事发受到法律制裁而后悔、悔恨。

三、未履行好义务产生不良心理感受的特点及表现

未按照良心履行好义务而产生不良心理感受完全是主观方面的事，由于个人评价体系不同，同样的事情可能每个人的感受都不同，产生不良心理感受的原因因人而异，因而具有主观性。产生不良心理感受的严重程度与行为给个人、他人或社会造成伤害的严重性成正比。个人在生活中未履行好义务，是因为每个人做事不可能完全符合规律，遇到挫折和失败时，就会受到良心的谴责。只要产生了不良的心理感受，一定是产生了伤害。如果造成了较严重的伤害，不良心理感受的程度就深，持续时间就长；如果造成了非常严重的伤害，有可能终生受影响。如果只伤害了个人，往往会自责；如果伤害了他人或社会，还会受到社会和他人的谴责。

未按良心履行好义务产生的不良心理感受主要表现为自责、遗憾、内疚、后悔、惭愧、焦虑、痛苦、恐惧等负面情绪。适度的不良心理感受对个人有益，它能使个人及时总结经验、吸取教训，提高个人能力。不良的心理感受随着伤害的严重逐步加重，如果不良的心理感受过于强烈，超出了个人承受能力，就会对个人造成严重的伤害。不良的心理感受在一段时间内笼罩着个人，再加上他人的指责或社会舆论，会使个人产生较大的精神压力，个人往往觉得自己无能，自我评价差；严重时，会觉得后悔不已、无地自容；更严重时会出现抑郁，自我评价极差，对生活失去信心。不能忽视这种不良心理感受给个人带来的影响，个人应正确认识产生不良心理感受的原因，并主动消除。

四、不良心理感受的消除

未履行好义务产生的不良的心理感受是未尽到个人应尽的义务而产生的负面情绪，是一种债，也需要偿还，如果不偿还，会时刻困扰个人。每个人在一生中都会多次受到这种不良心理感受的困扰，也就是良知的谴责，有的人会受到严重困扰，痛苦不已，认识并消除这种不良心理感受对个人获得幸福有重要意义。

个人若未按照良心履行好义务而产生了不良的心理感受，不要过于自责，长时间陷于消极的情绪之中，而要以积极的心态面对现实，主动承担责任。个人可根据产生不良心理感受的原因，采取不同的方式消除。

对于应该做的事情，如果条件允许应立即做，要保证把事情做好。虽然可能错过最佳时机，但还有补偿的机会，应尽快一次做好。如果应该做的事情没有做错过了时间，条件不允许再做，那么应分析这个过失对谁造成了伤害，如果只对个人造成了伤害，要及时总结经验教训；如果对他人或集体造成了伤害，首先要向他人、集体真诚道歉，尽量取得他人的原谅，其次要在事后采取必要措施，防止伤害扩大，让损失最小化，赔偿损失并及时总结教训，防止类似事情发生。

做了不应该做的事，这种情况往往只考虑个人利益，忽视了他人或社会的利益，或者为达到某种不正当或正当的目的采取了不正当的手段，事情发生后伤害了他人或社会的利益，不良的心理感受从觉悟到自己行为错误后产生。认识到错误后，应立即停止错误的行动并采取相应的措施，防止伤害扩大。

总之，未按照良心履行好义务产生的不良心理感受会时常发生，特别是在成长阶段，个人可能多次产生这种不良的心理感受，这是成长过程中的正常现象。由于个人活动涉及的方面很广，对活动规律的掌握需要一个过程，失败或犯错误是难免的。产生这种不良的心理感受后，关键是要正确对待，积极消除不良影响，主动承担责任并采取补救措施。一个人消除这种不良心理感受的态度有决定性作用，主动消除和无动于衷的个人体验完全不同，只要是个人真心消除过失，真诚道歉和赔偿，都会得到他人的谅解，要相信自己能从这种不良的心理感受中走出来。当然，不良的心理感受也会随着时间逐渐淡化，由于个人的不断成熟，产生这种不良心理感受的概率会越来越低。

第二节　爱

一提到爱，人们首先想到的是爱情，是恋人之间的情感，这是一种狭义的理解。爱是很广泛的，爱情只是爱的一种。爱的种类很多，有母爱父爱，儿女对父母的爱，恋人、夫妻之间的爱情，朋友之间的友爱，对祖国、人民的爱，当爱的对象是事物、活动时，则表现为爱好，比如爱跳舞、爱看书、爱汽车等。从普通心理学讲，爱是与他人和事物有关的情感体验，是根源于对他人或事物的好感或喜欢，是在此基础上逐渐形成的对他人或事物持久的情感倾向和态度。爱是肯定情感的极端，在爱的作用下，个体常常体验到一种献身的感觉，爱是动机强烈的情感，在爱的驱使下，个人会为所爱的对象不断付出。从哲学上讲，爱的本质是义务之外主动善意的付出。

一、爱的本质

1.爱的付出是主动的

爱的首要条件是对被爱对象特别喜欢，因为爱的情感是在对人或事物喜欢的基础上进一步发展的。为了表达个人爱的情感，这种付出是自愿的、主动的，不存在强迫，如果付出是迫于某种压力、非自愿的，都不是爱。比如，父母对孩子的爱是主动的，恋爱中男女双方的付出也是主动的，对事业的热爱也是发自内心的，这种付出是心甘情愿的，是无私奉献，不图回报的，如果勉强或有所企图就不是爱。

2.爱是善意的付出

善意是希望他人或事物往好的方向发展，爱某个人，从主观努力的方向上，都是希望被爱的对象越来越好，个人付出的意愿是好的，出发点是善良的，不存在恶意。这一点很好理解，爱孩子、爱父母、爱恋人全是希望他们生活得更好，没有任何坏的企图。在某些情况下，付出的行为没有遵循事物发展的规律，反而会对被爱的对象造成伤害。现实中也存在，但付出的初衷和愿望是希望被爱对象更好，只是没有将事情做好。

3. 爱是义务外的付出

一个人从小到大要经历许多角色，由于社会关系不同，人在某一时刻往往是几个角色的综合体，要尽到各种角色的义务，这是个人应该做的。爱表现为义务外的付出，即这种付出是自愿或超出基本义务的，比如，父母对孩子的付出。怎么区分是义务还是义务外？一般法律规定要把孩子抚养到18岁，父母做到这些是应该的，但实际上，大多数父母不仅把孩子抚养到18岁，还会帮助儿女择业、操办婚事、照看孩子，这些都超出了义务，都是爱的表现。恋人之间的爱情也有这个特点，从法律上讲，没有关系的男女双方都没有向对方付出的义务，他们的付出是出自喜欢，付出是为了表达个人爱慕之情，是义务外的。

4. 爱是付出，爱是行动

爱具有强烈的行为动机，爱表现在行动上，不存在没有行动的爱，否则爱就是一句空话。爱他人，怎样让他人感觉到自己的爱呢？只有体现在个人的行动上。爱的深浅与付出多少成正比，为被爱的对象做得越多，说明爱得越深，这一点作为父母和热恋的男女体会得更深刻。所有的爱都体现在行动上，只有让个人不停付出的人或事物才是个人的真爱。

个人应保持适度的爱，由爱而产生的行为不应该对个人、他人或社会造成伤害。

爱必须同时具备以上四个要素，缺少任何一方面，都不能称为爱。爱越多，意味着付出越多，回报也越多，善意的付出往往会得到善意的回报，给自己带来的喜悦就越多。对各个方面的爱越多，意味着各方面的付出都超出了个人应尽的义务，受不良情绪的困扰就少，心情就愉悦。爱得越多，快乐幸福越多。爱是需要培养的，个人在独立前体会最多的是被爱，不完全理解爱的意义，独立生活以后，慢慢体会、感悟生活，才懂得爱。

二、付出与回报

付出是个人活动，付出是对某个对象在精力或财物上投入的活动，任何一个活动都可以看作是付出，个人不停地活动，就不断地付出，有付出就有回报。付出是原因，回报是结果，有因必有果。付出是活动，就要遵循活动的规律，按照规律付出，才能得到期望的回报，付出与回报的关系体现在以下几方面。

1.有付出必有回报，回报是付出的结果，不付出就不会有回报

付出就有收获，善意的付出有好的回报，恶意的付出必定自食其果。付出到哪个方面，哪个方面就有收获，就像不种庄稼不能收粮食一样简单。西方有句谚语"天下没有免费的午餐"，就是这个道理。付出和回报是因果关系，回报是付出的结果，是付出的体现，每个人时刻在付出，又时刻体验着回报。一日三餐保证个人精力充沛，精力充沛可以从事

工作，工作可以得到报酬，报酬用来生活消费。可以看出，付出与回报环环相扣。

2. 付出的质和量决定回报的结果

付出存在两个衡量指标。一个是付出的质，按照规律付出，是付出的方向，叫作付出的质。个人活动首先要保证付出的方向正确，付出的方式方法要科学。另一个是付出的量，在某种方向上付出的多少，即多长时间、多少精力、多少财物是付出量的问题，只有高质量付出，回报才能达到预期的目的。如果付出不按照活动的规律，付出的方向方式错误，可能会造成个人觉得是善意的付出却得不到期望的结果的情况。比如，对孩子的溺爱，什么事都依着孩子，表面上是对孩子好，结果往往导致孩子心理不健康，容易使孩子养成任性、自主性差等缺点，长大后可能对父母不孝顺，个人觉得付出了很多，回报却不尽如人意。付出的方式不正确，得到的回报往往事与愿违。

3. 回报的转移

是指回报可以体现在与之关联的其他人身上。回报不仅体现在个人身上，还体现在与个人关系密切的人身上，反映了人是社会关系总和的本质。一个人努力奋斗取得了较大成功，拥有许多财富及较高地位，社会给予应有的回报，这种回报不仅体现在他个人身上，还体现在与他关系密切的人身上。同样，个人违法受到惩罚，关系密切的人也会受到影响。一部分人在没有付出或付出很少的情况下，得到远远大于他所付出的回报。由于回报的转移，社会上存在既得利益者，有许多不劳而获的人，社会应当在维护个人公平上作出努力，使每个人处在一个相对公平竞争的环境中。

■ 三、爱的层次

一个人在独立生活前感受最多的是接受他人的爱，多数人从小生活在爱的环境中，觉得这是他人应该做的，认识不到他人的爱。许多人理解爱是从恋爱开始的，为喜欢的人主动付出，能感受到爱情的力量。等有了孩子，在养育孩子的过程中，能体会到自己对孩子的爱和父母对自己的爱。随着道德修养提高，爱的对象越来越多，爱妻子或丈夫、爱孩子、爱父母、爱亲朋、爱人民、爱祖国、爱全人类。根据付出的对象，爱可分为四个层次。

1. 第一层次的爱包括爱情和爱孩子

这两种爱包含某些生理成分。动物也有这两种情感，即对自己配偶和孩子的爱。人是具有社会性的高等生物，爱情在不知不觉中到来，看到自己的孩子就喜欢，这是个人的潜意识，也可以说是人的本能，属于低层次的爱。

2. 第二层次是爱父母、兄弟姐妹及亲朋好友

俗话说"养儿方知父母恩"，能够爱父母多半是在自己抚养孩子以后，体会到父母的爱，感受到父母的辛苦和爱的延续，从而爱父母、孝顺父母，这是爱境界的提高，是需要意志方面的努力，个人应有一颗感恩的心并回报父母的爱。兄弟姐妹和个人有血缘关系，是一家人，长期生活在一起有很深的感情；亲朋好友和个人长期交往，感情不断加深，个人也愿意主动为他们付出，这种爱多数人可以做到。

3. 第三层次是爱祖国、爱人民

个人长期生活在一个国家（地区），会产生集体荣誉感，个人的利益和自由受到国家（地区）保护，国家（地区）安定，个人生活才能幸福。个人的生存发展离不开他人，在和周围

人的长期交往中，会对本地区及人民产生感情，随着个人境界的提高，会觉得个人、家庭、人民、国家是一个整体，个人的幸福离不开国家和人民，国家的发展依靠每个公民，每个公民都有义务为国家发展作出贡献，这样就会产生爱国家、爱人民的情感。个人达到这个境界就抛弃了狭隘的小家庭思想，个人的追求不仅仅是为了自己和亲人，更是为了国家和人民，注重实现个人的社会价值。

4.爱的最高境界是热爱全人类

达到这个境界要树立科学的世界观，有较高的道德修养，这是在爱人民的基础上产生的。爱人类是由爱孩子、爱父母的情感推己及人，个人觉得世界上每个人都处于爱与被爱之中。《孟子》说："老吾老，以及人之老，幼吾幼，以及人之幼。"个人把对孩子和父母的爱转移到他人身上，把对孩子和父母的爱升华到他人身上，从而推及对所有人的爱，对整个人类的爱。达到这个层次，个人就模糊了人与人之间财富地位、地区种族的差异，只是按照人的标准去对待任何人。孔子说"四海之内皆兄弟"，就是把人类看作一个大家庭，对人一视同仁。热爱全人类是人生所能达到的最高境界。

四、爱与幸福的关系

从履行义务的角度看，爱和未履行好义务是相对的。个人生活在社会中就会存在各种关系，不同的关系对应不同的角色，处在不同的角色就应该尽到法律道德规定的义务，这是社会对个人的要求，也是做人的准则。亚里士多德说："遵照道德准则生活就是幸福的生活。"按照人类进步和社会发展的趋势，一个人活动的准则应该是符合人类精神的道德规范，要努力使个人的良心最大限度地与社会公德吻合。爱是义务外的付出，这就意味着，爱得多，善意的回报就多，快乐就多；如果付出低于义务的要求，就会受到不良情绪的困扰、道德谴责或法律制裁，快乐就少。对生活的热爱表现在各个方面，爱妻子或丈夫、爱孩子、爱父母、爱工作、爱朋友、爱国家等，爱的境界会随着个人修养的提高而上升。生活在一个爱的环境中，个人也是被爱的中心，得到的快乐幸福就多。懂得爱、会爱才是真正有意义的生活的开始。爱意味着主动，积极主动的心态会创造美好的生活，爱是生活的真谛，爱是追求幸福的第一要素，没有爱就没有幸福。

第六章　个人活动

第一节　个人活动

　　普通心理学认为，个人活动的动力源于个人需要，需要是人脑对生理需求和社会需求的反映，人为了生存和发展，必须有一定的需求，例如食物、衣服、睡眠、劳动、交往等，这些需求反映在个体头脑中，就形成了个人的需要。需要被认为是个体的一种内部状态，或者说是一种倾向，是产生动机的原因，它反映了个体对内在环境和外部生活条件较为稳定的要求。需要对情感和情绪的影响很大，人对客观事物产生情感和情绪，是以客观事物能否满足人的需要为中介的，凡是能够满足人需要的事物，则产生肯定的情感和情绪，否则将产生否定的情感和情绪。个体为了满足需要，从事一定的活动，要用一定的意志努力去克服困难，人在克服困难的过程中，锻炼了意志。通常根据需要的起源，把人的需要分为生理性需要和社会性需要；根据需要的对象，可分为物质需要和精神需要；根据需要的内容，可分为生存健康需要、学习工作事业需要、婚姻家庭需要、休闲娱乐需要和其他需要，各类活动相互作用、相互制约、相互促进。

一、生存健康活动

　　每个人出生后都面临生存问题，在个人独立生活之前，由父母或其他抚养人负责，独立生活后，生存问题要个人解决。生存活动完全为了满足生理需求，是最根本的活动，简单地说就是吃饱穿暖有住处。生存是人开展其他活动的前提，生存包括对安全的要求，如果所在国家（地区）有战争或恐怖活动，对个人的影响就会非常大，当生命受到威胁时，生存便成为个人的第一需要。解决生存问题后，健康便成为个人的第一需要，健康的身体是人们进行各种活动的基础，只有身体健康才能更好地从事其他活动，理解生理健康与心理健康的关系，逐步实现心理健康。

二、学习工作事业活动

学习是提高个人能力的途径，是个人顺利开展各种活动的前提，每个人都应该接受教育。学习从一出生就开始了，求学阶段是专门接受教育的时间，步入社会后也要不断地学习，学习伴随人的一生，不学习就无法生存和发展。工作是谋生的手段，是个人独立的前提，就业是个人最重要的活动，工作时间是人生的黄金时间，工作伴随着个人的成长、成熟、衰老，是生命重要的组成部分。因此，工作的感受对人生有重大影响。高尔基说："工作如果是快乐的，那么人生就是乐园；工作如果是强制的，那么人生就是地狱。"因此，择业是人生的重大选择，在选择工作时要考虑个人的性格，尽量选择个人喜欢的职业。由于就业机会的限制，竞争变得较为激烈，个人工作的选择是由个人能力和社会需要决定的，无法完全按照个人的爱好选择，相对的，个人能力强就可以选择较好的职业。事业是个人的追求，是在个人信仰、爱好的基础上发展起来的，是个人前进的巨大动力。事业往往有明确的目标，人们往往将事业上的成功看作人生成功的标志。工作和事业存在区别，事业对个人来说是积极主动的，工作是被动的，迫于生存的压力，人人都得有工作，但事业并不是人人都有，而是个人高层次的追求；工作的目的往往是为了个人和家庭，而事业不仅是为了小家庭，更多的是为社会创造财富，实现个人的社会价值。

▌三、婚姻家庭活动

人们都希望有一个幸福温暖的家，个人工作不单是为社会创造财富、在事业上取得成就，更重要的是营造和谐美满的家庭。恋爱婚姻是个人生理的需要，也是社会的需要，婚恋对个人的一生有重大影响，爱情是人世间美好的情感，恋爱的目的在于选择适合的人组建家庭，共同生活。婚姻制度是国家控制社会秩序的重要保障，婚姻制度有它的发展规律，从整体发展趋势看，婚姻制度越来越进步。处理婚姻、家庭的关系是一个长期的问题，导致婚姻出现危机的因素很多，从内外因的观点来分析，婚姻问题最主要的是两个人之间的矛盾，爱情是最主要的因素，其他原因是诱因，社会应加强婚姻心理学的研究，指导人们科学地经营婚姻生活。

养育孩子和赡养老人是家庭的重要职能。养育孩子是家庭的社会职能，孩子能否健康成长，和父母有非常大的关系，父母心理健康状况直接决定着孩子的幸福。未成年人在家庭中的时间较长，成长期最容易从父母那里学习各方面的知识技能及做人的道理，父母是孩子成长道路上的第一任老师，父母的一言一行对孩子有潜移默化的作用，父母必须充分认识到这一点，使自己的行为符合道德法律，做孩子的表率。赡养老人是人类的传统美德，也是一个人应尽的义务，父母把孩子从小抚养到大，使其独立生活，无论从情理还是从法理来说，赡养父母都是每个人必须做和应该做好的事情。赡养父母应该在物质和精神两方面开展，儿女应当满足父母生理和心理上的需要，使父母安度晚年。正确处理与孩子和父母间的关系至关重要，孩子和父母要陪伴个人走过一生，时刻影响个人的幸福。处理兄弟姐妹之间的关系也是一件重要的事情，各个小家庭的情况不同，在一个大家庭中就会产生矛盾，需要灵活处理这些矛盾。

四、交往休闲娱乐活动

人在各个时期都有不同的朋友，友谊是人的正常心理需要，是生活中不可缺少的，朋友之间相互交往、相互帮助、互相提高，感情不断加深。真正的朋友在患难时相互鼓励，共渡难关，选择志同道合、志趣相投的朋友是提升人生质量的重要途径。随着人们对生活质量的要求不断提高，休闲娱乐成为生活中不可缺少的内容，对个人健康、提高工作效率等都有积极作用，是生活质量高低的标志，人们总在追求适合个人的生活方式，工作是为了更好地生活。

五、其他活动

其他活动主要包括公共活动、公益活动、信仰活动、义务活动等，这类活动不是每个人必需的，但对一部分人是必不可少的。一部分活动反映个人与社会之间的关系，表达个人意愿，向社会提出某种要求等，对推动社会进步有一定的意义。信仰活动如参加宗教仪式、参加政党集会等，是个人信仰的体现。

个人活动大体可分为三个层次：底层是生存健康和学习

工作活动，中层是婚姻家庭、交际休闲娱乐等活动，高层是事业追求。但也不绝对，各种活动相互制约、相互作用、互相促进，都是生活的一部分，不论哪个方面出问题，都会对个人的幸福产生影响。因此，每个人都要重视各方面知识技能的学习和实践，平衡各种活动，重视各种活动的结果，不要让个人成为一维的人，而要成为多维的人。

第二节　个人活动的原则及方法

一、个人活动的原则及方法

为了保证个人活动顺利进行并达到目的，且在活动中不伤害自己、他人或社会，就要遵循一定的原则和方法。履行义务便是付出，付出是个人活动，也要遵守活动的原则和方法，否则就会影响回报的结果，关系到个人幸福。

1.遵循活动的规律

事物发展过程中规律无处不在，遵循规律是个人活动的基本原则。活动的规律已被人们总结形成各种知识、规则或制度，比如各种道德法律、自然科学知识、标准规范、操作规程、交通法规、安全管理制度、科学的生活方式、礼仪等，这些都是规律的体现。个人在开展活动时必须按照规律做才能顺利完成，否则活动就会不顺利或失败，违反规律的活动会受到规律的惩罚，而且会对个人、他人或社会造成伤害。

2.遵循 HSE 管理的基本原则

HSE 是健康（Health）、安全（Safety）和环境（Environment）管理体系的简称，HSE 管理体系要求组织进行风险分析，采取有效的防范手段和控制措施防止危害发生，以减少可能引起的人员伤害、财产损失和环境污染,它强调预防和持续改进,具有高度自我约束、自我完善、自我激励机制。在个人活动中,可以将 HSE 的基本思想运用到每个活动中,将 HSE 原则作为个人活动的准则,在活动中避免使个人、他人和社会受到伤害。个人在开展活动时,事前要从安全、健康、环境方面对活动进行危害识别和风险评价,采取必要的防范措施,在活动中首先要保证个人和他人的安全健康,其次要考虑其对环境的影响,不污染、破坏自然环境,不对社会造成负面影响。

3. 遵循 PDCA 循环,持续提高

PDCA 循环是全面质量管理中运用于持续改善产品质量的工具,又叫作戴明环。PDCA 是英语单词 Plan(计划)、Do(执行)、Check(检查) 和 Act(纠正) 的第一个字母。解决什么问题都要有个计划,这个计划包括目标和为实现这一目标采取的措施;制订计划后,就要按照计划实施、检查,看其有没有达到预期目标;通过检查找出问题和原因;最后进行处理,将经验和教训制定成标准、形成制度。以上四个过程周而复始地进行,一个循环结束了,解决一些问题,未解决的问题进入下一个循环,这样阶梯式上升。个人的每个活动都是一个过程,个人要运用 PDCA 的方法,以便顺利达成活动目的,在活动中经过策划、实施、检查、总结改进,保证活动的顺利开展。PDCA 循环强调的是持续改进,要求个人坚持学习,每天提高一点点,每月有进步,年年有发展,这也是 PDCA 循环的本质所在。许多人往往忽视持续提高,觉得个人到了一定年龄不用再提高或无法再提高了,这是认识上的误区,任何人在任何时间都有提高的可能,生命质量和个人能力的提高有直接联系。

PDCA 循环可以和个人的自我实现结合起来，提高个人能力，实现理想自我。在策划阶段，个人通过自我认知，正确进行自我评价，确定理想自我；在执行阶段，个人根据理想自我和现实自我之间的差距，制定发展计划并付诸行动，进行自我控制，主动开展自我教育，达到自我完善；在行动过程中，个人进行自我检查和自我反省，查找行动过程中的问题；在改进阶段，根据查找到的问题，进行自我调整，修改目标或加大执行力，从而实现自我提升。个人需要长期开展 PDCA 循环，进行自我监督，提高个人能力，最终达到理想自我状态。

4.用目标来管理各方面原则

现代企业管理常用到目标管理,目标管理是以目标为导向，以人为中心，以成果为标准，使组织和个人取得最佳业绩的现代管理方法。目标管理的关键在于管理，在目标管理的过程中，丝毫的懈怠和放任自流都可能使目标落空，管理者必须随时跟踪目标的进展，发现问题及时处理、及时采取正确的补救措施，确保目标运行方向正确、进展顺利。同样，在个人的一生中，要用目标对各方面的活动进行管理，以获得期待的结果。目标是个人动力的源泉，每个人都有自己的目标，即使没有明确的目标，幸福就是个人潜在的目标，幸福又可分为几个小目标，如身体健康、工作事业目标、家庭目标等，个人幸福和目标有着重要的关系。

根据时间长短可分为短期目标、中期目标和长期目标。短期目标一般是指实现时间在一年之内的目标，短的可以是几天；中期目标是指实现时间在一年到五年之间的目标；长期目标指实现时间在五年以上的目标。短期目标和中期目标比较好制定，长期目标的制定是一个探索的过程，可能需要较长时间。长期目标是个人根据自己的能力和需要，规划自己的人生而提出的目标，有了这个目标，生活就有了重心，人生会变得主动。个人的活动围绕长期目标来安排，可以把时间充分、有效地利用起来，在某些方面做到极致，长期目标要考虑以下几个因素。

长期目标要与个人的兴趣、爱好、信仰或需要结合起来。个人的长期目标需要个人约束自己，如果一个人制定的目标是强迫自己在做，也许只能做几个月。长期强迫自己做不喜欢的事是一件很困难的事情，也不可能长久，因此，长期目标一定是由自己的兴趣、爱好、信仰或个人需要发展起来。长期目标要和活动结合起来才具有生命力，实现长期目标的动力来自个人对这项活动的强烈爱好，有坚定信仰的人往往容易制定个人的长期目标。

长期目标应考虑社会发展和人民需要。长期目标要经过个人长期奋斗，占用个人大量的时间与精力，目标一定要对社会和人民有益，能给社会创造财富，这样才有实现的可能。个人要善于分析社会和人们的需求，与时俱进，目标的实现一定能为社会创造财富。

长期目标制定的基础是认识自己和社会。只有正确认识自己，才能制定出适合个人的长期目标。要注意不切实际的欲望与目标的区别，个人目标通过不懈努力有实现的可能。只有认识了社会，才能确保长期目标科学合理，有实现的可能。

长期目标的制定是一个探索变化的过程。由于认识自己和社会需要较长时间，个人的兴趣、爱好和信仰可能会发生变化，因而长期目标的制定并非一个简单的事情，要在自己感兴趣的活动中选取。可能开始没有明确的目标，但是在选定方向上不能错，一定要在这个方向上坚持学习、实践、思考、总结，再学习、再实践、再总结。最终，长期目标会慢慢清晰，长期目标的制定是一个探索、变化、积累的过程。

　　长期目标明确后，要按照实际制定各阶段的目标及完成时间，使长期目标具有可操作性，短期目标必须量化，明确完成时间。个人在实现既定目标时，争取按照时间来完成，即使未达到，也不应该是主观惰性造成的，一个人的"堕落"是在无数次自我原谅中"实现"的。有了目标就要行动，不积跬步，无以至千里，再好的目标不行动、不付出永远是梦想。在实现长期目标的过程中，个人要有坚定的决心、顽强的意志，根据目标的完成情况及时调整阶段目标，直至目标实现。

■ 二、学习、实践与思考

　　个人活动根据性质可以分为学习、实践和思考，科学合理地安排这三类活动，可以有效提高个人能力。

　　1. 学习是指获得知识和掌握技能的过程

　　学习是个人在成长过程中必须经历的，是个人成长的途径，个人呱呱坠地就开始学习生存技能，上学后学习各类知识。知识是活动的规律，活动之前掌握各种科学知识和技能，是顺利完成活动的保证；学习是个人能力持续提高和社会不断发展的需要，社会时刻在发展，新生事物层出不穷，新知识应运而生，要求个人时刻保持学习习惯。树立终身学习的理念，才能适应社会进步。个人要根据活动的要求主动学习，根据个人的发展和长期目标有计划地学习，要养成自觉学习的习惯。

　　2. 实践是人们有目的地改造世界的感性物质活动

一方面能提高个人技能，另一方面可以为社会创造财富。实践可以把知识转化为技能，一部分实践也是学习技能的过程，知识只有转化为技能，才能为社会创造财富。实践是提高个人能力的过程，比单纯学习知识更重要，一切技能都是在实践中掌握的，一切财富都是在实践中创造出来的，没有实践就没有个人的一切。世事洞明皆学问，个人要灵活运用知识、勇于实践才能不断提高。再多的知识，不经过实践就无法真正掌握，实践是知识与个人能力之间的桥梁，做到知行合一。

3.思考的过程是对事物及规律认识深化的过程

孔子曰："学而不思则罔，思而不学则殆。"爱因斯坦说："学习知识要善于思考，思考，再思考。"这些话很好地说明了学习和思考的关系。个人的每一个活动都有目的，活动前要思考、策划，如房屋装修、自驾游、组织比赛、建设装置等。《礼记·中庸》中说："凡事预则立，不预则废。"说的是事前要计划好，考虑活动对各方面的影响，考虑到活动的关键细节，才可能取得成功；活动中要勤于思考，根据活动中遇到的具体情况采取灵活的应变措施；活动后要善于总结，对于取得的成功或遇到挫折、失败，总结得失、积累经验。个人提高也需要思考，个人经过多年实践，对人、社会和世界的看法需要系统地思考，形成个人的世界观，将之与优秀的哲学思想和优秀文化相结合，经过反思，进一步提高自己的境界。

学习、实践与思考相互联系、相互作用，从而促进个人能力的提高。学习是获得知识技能的过程，实践创造财富，实践之前要先学习知识，掌握活动的规律，通过实践把这种理论知识转化为个人技能并运用起来创造财富，在实践中检验理论。理论和实践有一定差别，要灵活处理实践中的问题。思考贯穿于学习实践之中，但重要的是，在事前策划和事后总结上，要有专门的思考时间，活动要经过策划才可能成功，事后善于总结才能提高，在实践中把握共性的东西，掌握活动的规律。学习掌握知识技能，实践创造财富，提高在于思考，三方面相互联系、相互影响。因此，要合理分配学习、实践与思考的时间，才能持续提高个人能力。

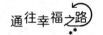

第七章　人生评价

人们常常发现，对一个人或一件事的评价有好有坏，大多没有一致的观点，特别是对重要历史人物和事件的评价，站在不同的角度和立场评价都不一样，有的甚至是相反的，如果不能正确辨别这些评价，就可能影响个人的发展。每个人都希望获得成功，社会上关于成功的书籍层出不穷，书上揭示的道理看上去都对，似乎每个人按照这些道理去做都会获得成功，但实际上并不是这样。通俗意义上的成功是通过对社会的贡献来衡量的，一是个人物质上非常富有或有非常高的社会地位，二是个人对社会有突出贡献，这就注定大多数人不会获得社会公认的成功。

第一节　评价个人

对个人的评价有多种，角度或立场不同，会对同一个人作出不同的评价，这是由于评价的标准不同。个人评价按照立场可划分为五种：自我评价、他人评价、组织评价、社会评价，以及从人类进步的角度对人物的评价。

一、对个人的评价

1. 自我评价

自我评价是对自己的评价，一般是根据自己设定目标的完成情况，他人或组织设定的要求是否达到，或与社会上地位相当、年龄相近或工作相似的人进行比较而得出的评价，也可能按照一定的道德标准等进行评价。总之，自我评价的客观性建立在正确认识自己程度的基础上，对个人认识越正确，对自己的评价越真实。个人对自己的评价带有主观性，通常有偏差、不全面。自我评价对个人有重大影响，人生是个人不断自我评价、自我改变的过程，评价直接影响着个人活动。对自己评价过高，个人会产生骄傲自满的情绪，不利于个人提高；对自己评价过低，个人会产生自卑情绪，悲观消极，不利于个人发展。

2.他人评价

他人评价也是一种主观评价，这种评价是建立在他人的需要、感情、经历之上，主要是根据他人的愿望、喜爱、与个人的关系状况等方面作出的主观评价，这种评价会因为人与人的不同，产生不同的评价，一个人的活动是不会得到所有人的一致评价的。个人要善于从他人的评价中发现自己的缺点并予以改正，要注意区分这类评价哪些是客观公正的，哪些是主观片面的，从而区别对待，不要让他人的片面评价过多地影响自己。

3.组织评价

个人通常在组织中工作，组织经常对个人进行评价，组织评价是站在组织的角度，考虑个人对组织的贡献和作用，从道德素养、工作态度、业务技能、工作业绩等方面进行评价，因而带有很强的团队意识。组织评价往往来自多人的看法，比较客观、公正。个人工作在组织中，组织评价对个人的发展有决定性影响，要认真对待组织评价，辨别组织评价的客观性。组织往往只考虑本身的利益，而较少考虑对社会和人类发展的影响，也是一种不全面的评价，特别是当个人做出对组织不利而对社会有益的事情时，组织的评价和社会的评价往往相反。

4.社会评价

在私有制社会中，社会各阶级的划分导致社会对个人的评价不同。由于社会的基本矛盾是阶级间的，两个阶级的性质是对立的，是统治与被统治、剥削与被剥削的关系。在阶级社会中，对个人的评价大体会出现两种评价，即政府对个人的评价和广大人民群众对个人的评价，这两种评价既有共同的一面，又有对立的一面。第一种情况是当个人的行为符合或违背整个社会的传统美德时，政府评价与群众评价一致。传统美德是整个社会倡导的价值观，它集中体现了人民对真善美的追求。比如，对见义勇为、舍己救人、拾金不昧、偷盗、贪污受贿等行为的评价。第二种情况是在上层建筑阻碍生产力发展的历史时期，当个人或事件触动了统治阶级的政治经济基础，要求政府改革或让腐朽的统治阶级下台。比如，提出变法、改革、组织起义等，政府会采取指责、批评的方式，严重时对个人采取限制人身自由或剥夺言论自由、判刑、处决等，这种事件往往是先进生产力发展的表现，政府评价和广大人民群众的评价是对立的，这是斗争的表现，是社会进步的表现。另外，由于国家间的对立，各个国家对同一人物或事件的评价也不同，都是站在各自的立场上，没有一致性。

■ 二、从人类发展的角度评价人物

对个人的评价有多种，只有从人类发展的角度对人物和事件进行评价，才能形成一致的评价，形成科学的评价。从人类发展历史来看，人类发展的总体趋势是向上的、前进的、由简单向复杂的、由低级到高级的。人类社会产生以后，经历了原始社会、奴隶社会、封建社会、资本主义社会、社会主义社会各个阶段，社会的发展由低级到高级；从人类自身的角度观察，由于生产力的发展，人类创造的物质财富和精神财富不断积累，人类获得的幸福程度不断提高，现在人们享受的一切，比以往任何历史阶段都要先进。社会的进步反映在整个人类的幸福程度上，反映在幸福的人数和幸福的层次上，这两方面都在不断提高。现在世界上虽然有许多不公平现象，还有许多贫困人口，局部有战争或恐怖活动，但从历史发展的角度来看，人类是向着普遍幸福的方向发展的。因此，用人类进步的观点来评价人物和事件，符合客观真理性，能够获得评价的一致性。

站在整个人类发展的角度评价人物，需要注意两点：一是按人类发展的观点评价人物，需要学习并理解马克思主义哲学，才能认识人类及历史从而作出正确判断；二是按人类发展的观点评价人物，主要是看这个人物对人类的进步和解放作出的贡献，要放在当时的社会中进行评价。列宁说："判断历史的功绩，不是根据历史活动家没有提供现代所要求的东西，而是根据他们比他们的前辈提供了新的东西。"这种新的东西是否为人类解放作出了贡献，是否为社会创造了较大财富，这样才能作出较为一致的评价。从人类发展的观点评价人物，也表现在这个人物受世人尊敬的程度上，体现在两个方面。一是受尊敬的人数。在整个世界范围内，某个人物获得尊敬的多少是评价的重要指标，尊敬他的人越多，说明他为人类进步作出的贡献越大。二是受尊敬的时间。由于时代不同，每个时代都有许多历史人物，如果历史人物在不同的时代、在较长的历史时期中受到许多人尊敬，说明这个历史人物对人类的发展有重要作用。

第二节 成 功

■ 一、成功的概念

成功的定义分为狭义的成功和广义的成功。狭义的成功是整个社会公认的，一般是各个行业出类拔萃的人，为社会创造了较大的物质财富或精神财富的人，这就决定了成功的人只能是极少数、极为优秀的人。从历史发展的角度来看，能够对社会和人类进步起到较大作用，能够在历史上留下痕迹被后人经常赞颂的人是成功的人物。广义的成功是指个人的重要目标、长期目标的实现或长期幸福。每个人出生后，由于个人能力相差较大，决定了每个人对社会的贡献不同。对个人来说，只要经过长期奋斗，个人制定的重要目标或长期目标能够实现，就获得了成功。人生的意义是为了个人或他人的幸福，幸福是个人一生的目标，短时间的幸福容易把握，长期幸福则需要对人生作出规划，并付出较大努力。如果能够获得长期幸福，也就获得了成功。

■ 二、从人的社会本质认识人与人之间的差异

在私有制社会中，人与人存在巨大差异，主要表现在个人可享用财富及所在国家（地区）能力的差异。从前几章的分析来看，由于家庭、国家（地区）状况不同，就决定了个人起点不同，发展不平衡是必然的。个人意识的形成对自身来讲是被动的，是个人无法左右的。成人后个体能力的差别是必然的，特别是社会关系的不同，对个人的成长有重要影响，甚至是决定性的影响。综合起来看，产生差别的原因主要有几个方面。

1. 出生家庭不同，个人关系能力不同

一个人出生在什么家庭是无法选择的，是被动的，刚出生的婴儿个体能力相差不大，但是个人关系能力相差较大，出生后就存在不平等。夫妻结合后，对他们的孩子有决定性的影响，夫妻双方的生理、心理状况和物质状况直接影响着孩子，个人关系能力直接影响一个人求学、择业、婚姻等大事，个人关系能力的不同是导致不平等最主要的原因。这种差别在私有制社会非常大，比如，某些人，奋斗了一生，只是达到或仍没有达到某些同龄人的起点。

2. 生理状况不同

每个人出生后及成长过程中的生理状况都不同，孩子的生理状况与父母的心理、生理状况和物质条件有直接关系，个人成长受制于抚养人，抚养人的状况基本决定了个人的健康状况，生理是个人活动的基础，基础不同，个人的发展必然不同。

3. 成长环境不同

每个人成长在不同的家庭、学校、组织、地区和国家，接受的教育和所处社会状况不同，个人意识的形成必然受到这些因素的影响。家庭存在差距，地区存在差别，国家存在差异，由于外部条件不同，个人意识不同，个人能力当然也存在差别。

4. 国家（地区）能力不同

人出生在不同的国家和地区，由于各个国家（地区）发展不平衡，各个国家（地区）综合实力不同，会直接影响个人可享用财富的多少，这种差别非常大。比如，发达国家和最不发达国家的差别，这也是造成人与人不平等的一个重要因素。

从以上几个方面分析，人在本质上存在较大差别，认识到这一规律，对个人有重要意义，能使个人正确认识与他人的差别，立足于现实，树立适合自身的目标，努力实现自己的幸福生活。认识这个规律，能够理解个人成功存在较大的被动性和必然性。人出生后，人与人在生理上没有太大差异，但个人的活动是无法选择的，受到家庭、地区、国家等内外部因素的制约，导致个人意识形成的必然性和特殊性，从而造成个人能力的差异。成年后，个人基本是在既得意识下发展，也就决定了个人成功存在一定的被动性，个人能力中有多少是先天因素决定的，有多少是后天努力的不易区分，成功带有一定的必然性。

认识这个规律，能够平等对待每个人，理性对待成功。每个人的能力不同是客观现实，但只要为社会发展尽了自己最大的努力，便都是优秀的人。普通人积极生活、恪尽职守，为社会创造财富、传承文明，同样是优秀的。认识这个规律，会用平常心看待每个人，成功的人都有各自的原因，普通人和成功的人共同作为社会的一员，都应受到社会的尊重、平等享有权利。认识到这些，可以帮助个人理解"四海之内皆兄弟"的大同思想。

▌三、狭义的成功

个人获得成功取决于个人能力和社会需要，个人能力与个人掌握和运用优秀文化的多少成正比。影响个人成功的因素有内部因素、外部因素和社会需要。内部因素主要是指个人的生理素质及个人的付出。在整个内部条件中，生理因素占的比重较少，成功是百分之一的天赋加百分之九十九的汗水，是一个量变到质变的过程，谁为社会创造的财富多，谁就会获得成功。个人怎样才能创造更多的财富，归根结底反映在掌握和运用优秀文化的能力上。从另一方面说，成功的人掌握和运用的优秀文化比一般人多得多，人们往往只看到成功者辉煌的一面，而没有看到其艰苦探索的过程，他们往往付出了常人难以想象的努力。《孟子》中写道："舜发于畎亩之中，傅说举于版筑之间，胶鬲举于鱼盐之中，管夷吾举于士，孙叔敖举于海，百里奚举于市。故天将降大任于是人也，必先苦其心志，劳其筋骨，饿其体肤，空乏其身，行拂乱其所为，所以动心忍性，曾益其所不能。"不经历风雨怎么见彩虹，没有人能够随随便便取得成功，这是所有成功者都要经历的过程。个人即使有再好的外部条件，没有高质量的付出，就不会取得较大成绩。

外部因素是个人所处的外部环境。个人成功需要掌握和运用较多的优秀文化。在获得优秀文化的过程中，个人的社会关系及所在的国家地区，为个人提供了适宜的学习和实践的外部条件，个人只有在一定的环境中才能学习实践文化、增强个人能力，适宜的外部因素是个人成功的必要条件。每个人所处的家庭、地区、国家和时代千差万别，抚养人的条件、成长的环境、时代背景等都不同，这些因素都决定了个人接受优秀文化的差异。成功的人所处的环境为个人提供了实践条件，为掌握足够的优秀文化创造了机会，也为建立功绩提供了机遇。

个人获得成功是社会发展的需要。纵观人类发展史，有大量的历史人物留下印记，历史是由人民群众创造的，历史人物是历史事件的当事人，他们在历史上明显地留下了自己意志的印记，并能影响历史事件的外部特征。历史人物有两大类，一类是科学家、思想家、艺术家等，他们顺应时代创造了新科学技术、新思想、新作品等，使得生产力或人类思想有了极大的提高，是当时社会实践的需要。实践是认识的动力，认识随着实践的发展而不断发展，认识产生于实践的需要，而实践的需要又是不断变化发展着的，不断提出要求，提出新的问题，这种新要求、新问题，推动着人们进行新探索和研究，在实践的不断推动下，才可能出现符合时代的科学家、思想家、艺术家等。另一类是组织者，他们是历史任务的发起者，是构成具体历史事件的核心人物。历史人物的产生是历史发展的必然，社会的发展是有规律的运行过程，需要相应的历史人物。从一个普通人成为一个历史人物，虽然离不开他所具备的知识、才能、素质等主体方面的条件，但归根到底离不开社会的经济、政治、文化等方面的现实状况。如果时代不具备产生某一方面历史人物的客观条件和客观需要，即使在主体方面具备优越的条件，他也不可能成为时代人物。比如，每个时代的政治家，他们只能适应当时社会经济、政治、文化的发展要求，成为为实现历史任务而产生的历史人物。

从以上分析看，成功人物是内部因素和外部因素相互作用的结果，是社会发展的需要，也是社会发展的必然。至于谁能成为时代人物，就看谁顺应了历史潮流，把握住了时代脉搏。

▊ 四、广义的成功

广义的成功是指普通人的成功，这种成功不会对社会造成较大影响，它的意义在于，成功会给自己带来较大的成就感和长时间的愉悦，广义的成功表现在意义重大的个人目标实现或长期幸福上。目标实现需要注意以下几方面。第一，制定适合个人发展的长期目标或重要目标，目标的制定一定要合理。第二，为实现目标而行动，要高质量地付出，否则目标永远只是个美好的愿望。通往成功的道路不会一帆风顺，但我们要勇往直前。第三，要有良好的心态，要有信心、决心和恒心。成功源于坚持，持之以恒、百折不挠是实现目标最优秀的品质。生活要有目标，但不要执着于目标，而应专注于生活的过程。目标固然重要，但更重要的是在实现目标的过程中超越自我，成就有意义的人生。

幸福涉及的因素比较多，长期幸福要求个人对各个方面提前规划、主动生活。柏拉图说，最好意义上的成功就是幸福。评价幸福的基本要素有健康、收入、人际关系，这三方面是其他各方面的基础，这三方面做得好，其他方面不会有大问题。相应的，追求幸福也有三个要素，即爱、科学活动和实现目标，是追求幸福最基本的。这三个要素中爱是第一要素，即使其他两个要素没有完全达到，只有爱也仍能使人幸福。爱不仅是爱亲人，还包含爱工作、爱生活，它倡导的是一种积极主动的生活方式，爱得多的获得的幸福就多。第二要素是科学活动，保证付出的质和量。第三要素是实现目标，其包含两层意思：第一层意思是树立合理的目标，丢掉不切实际的欲望，有目标就有希望，有希望就有动力，在支配个人活动和时间上有了重心；第二层意思是要有实现目标的行动，千里之行，始于足下，去做才有实现的可能。人的一生需要参加各种社会实践，在参与融入社会的竞争中，也意味着与压力为伴,痛苦和烦恼不可避免,每个人都在痛苦中成长,在烦恼中解脱,只有勇于实践,不怕挫折和失败,及时总结经验、吸取教训、不断进步,为而不争,才能获得更多的幸福。

在漫长的人生路上,不仅有成功与欢乐,也有失败和悲伤,有幸福美好的时光,也有痛苦与迷茫的时刻,然而更多的是平淡与平凡。个人掌握和运用一定的科学知识和技能,领悟践行优秀的哲学思想和道德,吾日三省吾身,要用积极向上的态度面对生活,实现目标,获得幸福。在生活中认识人生的普遍规律,感悟人生哲理,应以入世的精神造就事业,以出世的心态对待名利,认识到并不是个人竭尽全力就一定能够获得期望的结果,而要努力做到《钢铁是怎样炼成的》中的名言:"人最宝贵的东西是生命,生命对人来说只有一次。人的一生应当这样度过:当他回首往事时,不因虚度年华而悔恨,也不因碌碌无为而羞愧。"生活即是修行,科学做事、以德修身、禅定修心,努力做到"宠辱不惊,闲看庭前花开花落;去留无意,漫随天外云卷云舒"。随着社会的进步,我们有理由相信,每个人的人生不一定辉煌,但是一定美好!

第三节　享受生活

每个人都想幸福地度过一生,享受生活的每一天,怎样才是幸福的人生?这就需要研究评价人生的几个指标,如生命质量、生活质量、幸福度等。

一、生命质量

生命质量是指个人一生中幸福时光所占的比率。生命的意义在于追求人生的幸福,而不仅仅是生命中某一段时间的幸福。幸福时光所占的比例越高，就说明个人生命质量越高，相反，生命质量就越低。世界卫生组织描述生命质量的目标为"生得好、活得长、病得晚、死得快"。每个人的一生不可能所有时间都幸福，幸福是一个永恒的目标，它与个人的付出相关，个人经过实践掌握了必备的知识和技能，创造了一定的物质基础，才能获得幸福，需要一段时间的积累。因此，幸福是有条件的，不付出就与幸福无缘。由于发展的不平衡，每个人的生命质量都不相同，幸福是个人的内心感受，生命质量的高低只有个人知道，大多数人的生命质量没有人去评价。调查每个人的生命质量，是评价社会发展、人类进步的重要指标。

二、生活质量

　　生活质量是指个人生活方式的科学性，符合个人生理心理规律及特点的程度。生活质量与几个因素有关。第一，生活质量的高低和物质财富有较大关系，物质财富越富裕，生活质量越高，但并不是绝对。第二，生活质量与科学生活方式有关，即个人的活动符合生理和心理规律的程度。活动越符合个人生理、心理的规律和特点，生活方式越科学，生活质量越高。第三，生活质量还体现在个人对各种活动时间的分配上，应均衡个人的各种活动，个人不能把过多的时间集中在少数活动上，若其他活动不主动，也不利于幸福。提高个人的生活质量，本质上是提高个人能力。个人要不断学习各种知识技能，正确认识社会发展及人生的基本规律，主动生活，做到心理健康。生活质量与生命质量关系密切，生活质量是生命质量的保证。

■ 三、幸福度

由于每个人的意识不同，幸福的标准不同，感受到幸福的程度不一样，幸福的层次也不同，普通的幸福是对个人的生活感到满意，高层次的幸福是个人为社会作出较大贡献所感受到的幸福。幸福的人有共同的特点，就是对个人及自己最爱的人的现状基本满意，这个满意程度可以用幸福度来衡量。

个人活动的结果总体包括两个方面，一方面是健康财富地位，体现在生理健康、吃穿住行、在社会上的声望地位等硬件方面；另一方面是个人关系，体现在家庭关系、朋友关系、工作关系等社会关系和谐的软件方面，和谐关系比率是指个人的和谐关系数量占个人所有关系总数的比值。在这两个指标中，硬件是主要方面，物质生活水平达到一定条件才可能获得幸福，幸福的先决条件是身体健康状况个人满意，幸福的最低标准是个人享用的财富能够保证个人及最爱的人身体健康。在人际交往中营造和谐的关系是幸福必不可少的条件，一个人的物质生活不论多么富有，如果关系没有处理好，也会影响个人幸福，特别是与爱人、孩子、父母、兄弟姐妹、领导、同事等比较密切的关系，对个人幸福影响较大。硬件和软件这两个指标决定着幸福的层次，分为高、低两个层次：享用财富少，和谐关系比率中等的幸福是低度的幸福；享用财富多，和谐关系比率高的幸福为高度幸福。

从社会发展的角度划分幸福的层次，可分为三个层次：低层次幸福是个人在独立之前感受到的幸福；中级幸福是个人独立生活后，在创造财富、组建家庭、生儿育女中感受到的幸福；高层次幸福是个人为社会作出较大贡献，受到他人尊敬感受到的幸福，划分依据是对社会作出的贡献。

四、享受生活

享受生活有狭义和广义之分，狭义的享受是指休闲娱乐等活动，用专门的时间来放松自己，缓解生活压力，在短暂的时间里忘记烦恼，轻松面对以后的生活。广义的享受在于享受整个生命的过程，费尔巴哈说："生命本身就是幸福。"广义的享受不是每个人都能体会到的，它是建立在热爱工作和热爱生活的基础上的，个人认识到每个人都是值得尊重的，每种劳动都是有价值的，从而真正做到主动工作、积极生活，能够及时化解生活的压力。在生产力没有高度发展的历史阶段，享受生活对许多人来说是一种梦想，不过这是人类发展的共同愿望。人类不断创造财富，财富积累到一定程度，当人类不因生存问题而忙碌时，幸福会逐步成为每个人的权利。

第八章 人类精神

第一节 幸福的外部条件

■ 一、人类发展的意义

　　自然科学揭示了人类是地球长期进化的结果。亚里士多德在《动物志》中说："自然界由无生物进展到动物是一个积微渐进的过程，因而由于其连续性，我们难以觉察这些事物间的界限及中间物隶属于哪一边。在无生物之后首先是植物类……从这类事物变为动物的过程是连续的……"他在《论植物》中说，"这个世界是一个完整而连续的整体，它一刻也不停顿地创造出动物、植物和一切其他的种类"。他认为，生命的演化应该是这样的途径：非生命→植物→动物，被后人称为"伟大的存在之链"，这也大致符合现代科学的认知。米勒试验已经证明，无机物在一定条件下可以产生有机物，有机物进化产生植物和动物，最后产生了人。达尔文进化论中的微小变异的连续累积与亚里士多德的积微渐进的生命演化观类似，从达尔文的进化论可以知道，人是由动物按照物竞天择、适者生存的规律进化而来的。考古学、生物学、遗传学、地理学、人类学等科学的发展，进一步发现了人类进化的证据，现代人是由灵长类经过漫长的进化过程，经历了能人、直立人、智人三个阶段而来的，证明人是由动物适应大自然长期进化而来，是劳动创造了人，从根本上否定了由传说中的神创造了人的说法。人是社会实践的主体，是创造财富的主体，是推动人类发展的根本力量。

马克思主义哲学揭示了人类发展的规律，人类发展的意义是实现人的普遍幸福。历史唯物主义将人类社会划分为原始社会、奴隶社会、封建社会、资本主义社会、社会主义社会，最终要进入共产主义社会。社会进步是由各种矛盾斗争引起的，人类发展的过程是人类同自然界、社会以及人类本身作斗争的过程，人类与自然界的斗争提高了生产力水平，生产力发展推动了生产关系的变化，也改变着人与人之间的关系。国家出现后，阶级斗争推动了社会的发展，社会形态不断更替，人类社会越来越进步，最终会从私有制国家过渡到公有制社会，进入共产主义社会，实现个人全面、自由的发展。因此，人类发展的意义是实现全人类的幸福。人类发展过程中，文化不断积累，生产力不断提高，人类创造了丰富的物质财富和精神文明。在文化的作用下，个人和社会的发展逐渐由被动转变为主动，人类由不幸福到幸福，由少数人的幸福到多数人的幸福，最终实现人类的普遍幸福。

二、获得幸福的外部条件

追求幸福是人生的意义，也是人类的共同目标，幸福与世界和平、人权的实现直接联系。和平是人类获得幸福的关键外部条件，它的作用不言而喻，只有实现和平，个人的生命安全才能得到最大限度的保障。权利的实现是人获得幸福的重要外部条件，马克思主义认为，人的权利不是"天赋"的，而是生产力发展到一定阶段的产物，人权随着社会的发展而发展。权利按享受权利的主体，可分为个人人权和集体人权，前者是指个人享有的生命、人身、政治、经济、社会、文化等各方面的权利，后者是指作为个人的社会存在方式的集体应该享有的权利，如种族平等权、民族自决权、发展权、环境权、和平权等。人权按照权利的内容可分为公民、政治权利和经济、社会、文化权利两大类，前者是指一些涉及个人生命、财产、人身自由的权利以及个人作为国家成员自由、平等地参与政治生活方面的权利；后者是指个人作为社会劳动者参与社会、经济、文化生活方面的权利，如就业、劳动条件、劳动报酬、社会保障、文化教育等方面的权利。总之，人权是涉及社会生活各个方面的广泛、全面、有机的权利体系，是人的人身、政治、经济、社会、文化诸方面权利的总称。幸福是较为高级的目标，包括生命权、自由权、人身安全权、受教育权、就业权、平等权等。人的幸福依靠基本的人权实现，人权实现得越全面，人的幸福就越容易得到保障。从人权的发展来看，生命权、人身安全权、受教育权、就业权等最基本的人权比较容易实现，随着社会的进步，更应该注重人的自由权、平等权、民主权等权利的实现。

和平和人权的实现是人类普遍幸福的外部条件，是人获得幸福的基础，没有和平和人权的保障，幸福就是空中楼阁。

第二节 人类精神

一、人类发展与人类精神

人类是人的集合，是所有人及文化的总和。人类精神是人类进一步发展应遵循的基本原则，应促进实现人类发展的意义。马克思主义哲学揭开了社会发展的神秘面纱，社会运动的规律清晰地展现在人们面前，人类将从私有制社会转变为公有制社会，这是人人都能获得幸福的社会。因此，人类社会倡导的基本精神应以实现人类幸福为原则，人类精神应当促使每个人获得幸福。人类精神是人类文化的灵魂和精髓，是人民实现普遍幸福，进行革命斗争的武器，是全人类共同的精神关怀和寄托。

二、人类精神与幸福

社会的发展越来越关注人，关注人的生活，关注人的精神世界，当物质生活达到一定程度时，人们必然会在精神上提出更高的要求。每个人都渴望自由、平等和幸福，这是人的特点决定的。幸福需要社会和个人的共同努力，要促使每个人幸福，社会必须创造一定的秩序和条件，即必须保证和平和基本人权的实现，人们才可能获得幸福。因此，人类精神应包含促使和平及个人基本权利实现的内容，这是人类精神的基础部分，也是最重要的部分。长期幸福对人来说是一个比较高的目标，和平和保障人权的实现只是为个人幸福提供了基础与可能，对个人来说是外部因素，实现个人幸福主要依赖内部因素。

三、人类精神

人类精神主要包含三方面内容。

1.确定人类发展的方向，也即正义

何为正义，正义是对政治、法律、道德等领域中的是非、善恶作出的肯定判断，不同的社会有不同的回答，不同的立场也有不同的回答，只有站在全人类发展的立场去回答这个问题，才能得到一致的答案。人类正义就是要符合全人类的发展方向，符合广大人民的根本利益，是全人类的共同追求。从前文分析可以得出，只要是为了人类社会和平稳定，为了实现全人类的普遍幸福，就是正义，否则就是非正义。按照这个原则去分析评判事物和活动，就能得到一致的答案。

2. 促使社会和平和基本人权实现

基本人权中有生命权、人身安全权，而战争和对抗只能使人类不团结、不稳定，无法保证人们的生命和人身安全，只有在和平合作的状态下，个人的生命权和人身安全权才能得到最大限度的保障。和平就要抛弃任何形式的战争，合作就要放弃任何形式的对抗，只有全球范围内的和平合作，才能保证人员的自由流动和生命安全。和平合作是最基本的人类精神，是其他权利实现的基础。人民应享有广泛的自由权，包括人身自由、言论自由、出版自由、集会结社自由等，平等权也是人类社会长期追求实现的权利，包括法律面前人人平等、政治权利平等、机会平等、分配平等，其价值取向是不断实现本质平等。这两种权利是人的基本权利，应在人类精神中体现。因此，实现和平和基本人权的人类精神应包括和平、合作、自由、平等。

3. 促进个人的幸福

由上文可知，爱是追求个人幸福的第一要素，同样，博爱也是人类获得幸福的第一要素。人类要获得普遍幸福，人与人之间就需要真诚的关爱，而人只有挣脱物质的羁绊，才能将对物质财富的追求转移到精神追求上，才能真心地去关心他人、关爱社会，达到人人相互关爱，实现人类的博爱。个人获得幸福要履行各个角色的义务，道德法律规定了群体和个人的义务，群体和个人在享有权利的同时，必须履行相应的义务。义务等同于责任，但责任更能体现人的进取精神，体现人及人类的担当。个人和群体是有性格和情绪、情感的，也就是存在感性因素，感性因素能使群体和个人产生各种行为，会导致群体和个人不按照法律道德行动，而产生可怕的后果。现在，科技力量强大，群体或个人如果不理性，后果就会很严重。道德和法律是人类的理性，是群体和个人顺利活动的保证，体现了人类文明。科学是人类在实践探索中发现的各种规律，是社会实践和个人活动必须遵守的准则，科学能保证社会实践和个人活动的成功，在人们的各种活动中无不在利用科学的原理和规律，离开了科学注定会失败。要实现人类普遍的幸福，博爱、责任、理性、科学是不可或缺的，它们是人类精神的重要组成部分。

综上所述，人类精神至少包括正义、和平、合作、自由、平等、博爱、责任、理性、科学等，人类精神应是群体和个人活动遵循的基本原则，人类在发展中要优先保证人类精神的实现。

四、人类精神与道德法律

人类精神促进人类实现普遍幸福，应作为世界各个群体治理社会的基本原则。资本主义国家是剥削和压迫的社会，不可能全面实现人类精神，资产阶级为了利益最大限度地剥削被压迫阶级，掠夺其他群体的财富，不会考虑大多数人的幸福，更不可能实现人民的幸福。只有消灭资本主义私有制，社会才能以人类精神为基本原则进行治理。

从人类发展的方向看，各个群体应以人类精神为准则，制定并修订相应的道德法律，违背人类精神的道德和法律应逐步废除，使人类精神的基本原则得以贯彻和执行。人类精神是为了全人类的幸福，因此，每个人都有义务知晓人类精神，并自觉接受由人类精神主导的道德法律，与违背人类精神的道德法律作斗争。

第九章　文化的产生和发展

第一节　文化的产生

　　人类发展不仅体现在物质财富的创造上，更体现在精神文化的积累上，文化是人类实践及规律的反映和体现，是人类发展的记录和见证，人类因文化而强大，文化发展催生了各种文明。文化的概念有广义和狭义之分，广义的文化是指人类在社会实践过程中获得的物质的、精神的生产能力和创造的物质财富与精神财富的总和。文化是人类实践及规律的反映和体现，简单地说，文化就是人类创造的一切，每个社会都有与其相适应的物质文化和精神文化。狭义的文化指精神生产能力和精神产品，包括一切社会意识形式，是人类从社会实践中概括、提炼出来的，主要为理性形式，是人类实践及规律的反映和记录。人们在实践中必然会产生一定的物质文化，这是人类生存发展的物质条件，也是人类意识能动性的反映，所有物质文化都可以用不同的社会意识形式体现和记录。通俗地说，就是物质文化可用精神文化来表述。下面提到的文化多指狭义文化，主要指各种社会意识形式，是经过人们的理性认识，具有广泛传播、继承性的社会意识内容。

一、人类实践和社会意识的关系

　　历史唯物主义阐明了社会存在决定社会意识，社会意识反作用社会存在。在论述社会存在和社会意识的关系时，社会存在这个概念过于含糊，不能直接体现人类对社会意识的作用，社会意识也是人类的意识，如果没有人类的存在，也不会产生社会意识。因此，在表述社会存在与社会意识的关系时，用人类实践替代社会存在更为合适。

社会意识是指总括了人的一切意识要素观念形态以及人类社会全部精神现象及其过程的哲学范畴，按照从感性到理性、从低级到高级的次序分为社会心理和社会意识形式。社会心理以感性因素为主，这是一种低水平、低层次的社会意识。社会意识形式是高水平、高层次的社会意识，它是人们系统化的、规范化的、自觉的社会意识，是人类实践比较间接的反映，是人们的理性认识，具体表现为哲学、宗教、道德、法律、科学、艺术等不同意识形式，通俗讲就是各种文化。

1. 人类实践与社会意识的关系

人类实践决定社会意识的产生和发展。人类实践是社会意识产生的根源和基础，也就是说，社会意识来源于人类实践，有什么样的人类实践，就会产生什么样的社会意识。社会意识的内容和形式都是由人类实践决定的，人类实践是多方面的、复杂的，相应的，就会产生多方面的意识形式。不同的社会意识从不同角度反映不同的人类实践，不反映某方面人类实践的社会意识是不存在的。社会意识依赖人类实践，还表现在不论是正确的还是错误的社会意识，都来源于人类实践。

人类实践的发展变化决定了社会意识的发展变化。社会意识依赖人类实践，不仅表现为社会意识随人类实践的产生而产生，也表现在随着社会的发展而发展。在原始社会初期，由于生产力水平低下，人们的思维能力较弱，各种社会意识尚处于混沌状态，不能分化成具体的社会意识形式。随着生产力的发展，人们的分工增多并细化，有余力从事精神活动，使得社会意识从内容到形式也日趋复杂，形成了政治经济、法律道德、科学艺术、宗教哲学等意识形式。社会意识由简单到复杂，这也说明了人类实践的变化和趋势，所有的社会意识都是具体的、历史的，都是人类实践的反映。

2. 社会意识的独立性及对人类实践的反作用

社会意识虽然是思维着的人的意识，但其思想理论一经产生，就脱离了个人，不再随着个人在社会生活中的消失而消失。而且，社会意识通过语言文字和其他手段表述出来后，也脱离了思维着的个人，传扬于社会并传播给后代，所以，社会意识具有相对的独立性。

社会意识相对独立性的表现。第一，社会意识的发展变化与人类实践的发展变化不完全同步，可能提前也可能滞后。第二，社会意识和社会经济之间在发展上存在不平衡。第三，社会意识的发展具有历史继承性，每一个特定的社会意识形式主要反映现实的人类实践的发展水平，同时也保留着历史上形成的意识形式、过去人类实践状况的某些材料，并把二者有机地结合在一起。第四,各种社会意识形式之间相互作用、相互影响，表现在性质和程度两个方面。一方面，先进的社会意识反映了社会发展的客观方向，对社会发展起积极的促进作用，落后的社会意识不符合社会发展方向，为阻碍生产力发展的社会经济基础服务。另一方面，社会意识反作用的程度是指它的作用有方位大小、时间长短的区别。有的社会意识对人类影响长达几千年，有的则只有几年，有的影响作用遍及许多民族和国家，有的只限于某个地区。另外，不同性质的社会意识的作用有消长的过程，先进的社会意识终将被群众所掌握，成为推动社会发展的重大力量，落后的社会意识也终将被群众抛弃从而退出历史舞台。

社会意识对人类实践的反作用不是无限度的，因为社会意识对人类实践反作用的实现以及作用大小受到很多客观条件的制约。首先，社会意识只有通过群众的实践才能发挥作用。正如马克思所说，思想根本不能实现什么东西，为了实现思想就要有使用实践力量的人。而且，社会意识反作用的大小，还要看它掌握群众的深度与广度。其次，社会意识对人类实践的反作用要凭借一定的物质条件和物质手段才能实现，而且，社会意识的反作用再大，也不能创造在人类实践中没有根基、没有可能性的东西。最后，所有的人类实践只能在当前的社会意识下开展，即使创造也只是在当前的社会意识水平上创造，不能脱离当前的社会意识水平。所以，相对于人类实践的决定作用，社会意识的反作用是第二位的。

人类实践产生社会意识，社会意识反作用于人类实践，人类实践是矛盾的主要方面，社会意识是矛盾的次要方面，两者相互作用、相互制约、相互促进、相互发展，两者的反复作用推动了人类的进步。

■ 二、文化的形成

社会意识在发展中经过长期积累和人们的加工，逐渐形成各种社会意识形式。文化是人类社会特有的现象，是各种社会意识形式的总和，与人类实践密不可分。人类实践决定了文化的产生和发展，由于人类进化的时间漫长，无法确定什么时间产生了文化。人类实践产生文化，文化指导人类实践，在新的实践过程中产生新的、更先进的文化，文化的进步反映了人类认识不断深化的过程，文化逐步走向真理。各种文化是各个时代人类实践的反映，是人类劳动和智慧的结晶，特别是文字被发明以后，文化被更好地保留了下来。每个时代都有独特的文化，各种文化对应不同的历史时期，是人类发展的见证。

每种文化的产生及发展一般经历三个阶段，即感性认识阶段、理性认识阶段和不断发展阶段，是在人类实践基础上由感性认识能动地发展到理性认识，又从理性认识回归实践检验并不断优化的过程。

1.感性认识阶段

感性认识是对事物现象的各种片面和外部联系的认识，是认识的初级阶段。感性认识是通过感觉、知觉和表象三种既相互区别又相互联系、循序渐进的形式实现的。感觉是客观对象作用于人的感觉器官，在人脑中产生的关于对象的个别属性的反应，感觉是感性认识的起点，它反映的只是事物的某一侧面、某一局部特征，而不能反映事物的全貌；知觉是在感觉基础上形成的高一级的感性认识形式，是客观对象在人脑中的整体性的直接反映；表象是在感觉和知觉的基础上形成的，具有一定概括性的感性形象，是感性认识的高级形式。感性认识的特点是直接性和形象性，从感性认识的形式上看，由感觉到知觉再到表象的发展是人的认识，由个别的特性达到完整性，由当前直接的感受达到印象的回忆和保留，这个过程已经显示出人的认识，由部分到全体，由直接到间接，由感性形象到初步出现概括的发展趋势。

2.理性认识阶段

在实践的基础上，人们对某些事物的感觉知觉和表象经过反复，对感性认识提供的信息进行加工概括，便在认识过程中产生了一次飞跃而进入理性认识，产生某种社会意识形式，形成具体文化。理性认识的工具是概念、判断和推理。概念是反映事物本质属性的思维形式，人们在感性材料的基础上，经过大脑皮质高级区的逻辑思维操作，对表象进一步加工处理，抽取事物本质便形成了概念。概念在认识过程中起着重要的作用，它是人们用理性反映客观事物的一种最基本的形式，任何一门科学都表现为一系列概念的系统。判断是运用概念对事物的状况和性质作出肯定和否定的思维形式。推理是由已知合乎规律地推出未知的思维形式，是通过对某些判断的分析和综合再引出新的判断的过程。概念、判断和推理作为理性认识的三种形式相互联系、相互促进，概念是浓缩了的判断，判断是展开了的概念，推理则是判断之间矛盾的展开，同时，概念和判断又总是推理活动的结果，概念组成判断，判断组成推理，从而得出合乎逻辑的结论，并由此形成理论。理性认识以抽象和概括的形式反映客观事物，从形式上看它远离了客观对象，似乎是不可靠的，但从本质上看，只要是科学的抽象和概括，就不仅是可靠的，而且是更深层次、更正确、更完全地反映了客观。

人类认识由感性认识到理性认识的飞跃必须具备两项条件。第一项是要占有十分丰富和合乎实际的感性材料并理性认识。理性认识是对客观事物共同本质的概括，把本质从现象中抽象和概括出来。第二项是要追寻正确的途径和方法，对感性材料进行科学抽象和概括，要完全地反映整个事物，反映事物的本质和内部规律性，就必须经过缜密思考，将丰富的感性材料去粗取精、去伪存真、由此及彼、由表及里地改造制作，形成概念和理论的系统，从而形成某种具体文化。

3. 不断发展阶段

由感性认识上升到理性认识，产生文化是认识过程的第一次飞跃，然而，认识过程还必须从理性认识过渡到实践，才能实现认识过程中的第二次飞跃。认识过程中第二次飞跃的必要性和重要性在于，首先，认识世界的目的是改造世界，认识本身并不是目的，而是改造世界的手段，只有把在实践基础上获得的感性认识经过加工、改造、制作而形成理论文化，再回到实践中去指导实践，才能发挥理论的作用，达到改造世界的目的。其次，理论只有回到实践中去才能得到检验、修正、充实和发展，从感性认识到理性认识的飞跃可能是正确的，也可能是错误的。理性认识是否正确，只有到实践中去检验才能判断。实践是检验真理的唯一标准，可以使正确的认识得到证实，错误的认识得到纠正，不完全的认识变得充实。不仅如此，从感性认识到理性认识的飞跃，即使得到的是正确的认识，也必须回到实践中去指导实践，才可能随着实践的深入而不断发展。

各种文化往往要经过从实践到认识、从认识到实践的反复才能完成。对复杂事物的正确认识，需要经过反复才能完成，某种文化在不同的历史阶段有不同的表现，这是由于实践和认识的主体对客体的认识受到诸多条件的制约和限制的缘故，文化总是在人类实践中得到补充和发展。

第二节　文化的种类、特点及作用

一、文化的种类

按照文化形成的过程和作用可分为规律性文化、制度性文化和记录性文化。规律性文化是人类在实践过程中认识并改造客观世界和主观世界发现的规律，是各种规律的反映，体现的是认识论，也可称为认识类文化，如各种自然科学、社会科学、思维科学、哲学、宗教思想等。制度性文化是根据人们对各种事物和活动规律的认识，在开展各种实践活动中需要遵循的方法，是规律性文化在实践中的具体体现。比如，管理社会方面的有法律、道德、规章制度、宗教体制等，在物质资料生产过程中的工艺标准、规范、规程、制度等，主要目的是要求人们按照规律活动，也可以说是规律的体现和要求，体现的是方法论，也可称作方法类文化。最后一种文化是记录性文化，记录人类实践的过程，反映和再现人类实践的内容，比如历史、艺术、各种记录、档案资料等。

人类实践主要包括生产实践、处理社会关系实践、科学实验等，有什么样的实践就会产生什么样的文化。生产实践产生的文化，是人类认识改造自然、物质资料生产等过程中产生的文化，主要是指自然科学、部分社会科学等。处理社会关系的实践中，其中处理生产关系的实践产生与经济相关的文化，比如经济、财政、金融、税收等。处理政治关系的实践往往产生思想上层建筑，主要是各种社会意识形态，比如哲学宗教、政治法律、道德艺术等，具有阶级性。

二、文化的特点

1. 传播继承性

文化是理性认识的结果，一经产生就以独立的方式存在，特别是文字发明后，文字记录了文化，大量的文化得以保存。随着人们交流沟通，各种文化相互传播，人与人的交往、群体与群体的交流，本质就是文化的传播。人们往往从其他文化中吸收新的、有利于个人和群体发展的部分，结合自身文化创造出新文化，传播促进了文化的发展。文化传播方式多样，有语言、文字、符号、绘画、雕刻、摄影、音乐、舞蹈、戏剧、歌剧、影视等，从古代到现代记录文化的载体有多种，如石刻、甲骨文、竹简、丝帛、羊皮、纸张、磁带、电子存储等，随着文化载体电子化及信息网络技术的发展，文化的传播更加快捷迅速，信息网络促进了全球文化的相互传播，人们可以快速获得全世界各类文化资源，为文化的交流和发展提供了便利。文化的传播性说明了可继承性，各类教育培训、学习交流、参观访问等过程是文化交流传播和继承的过程。文化通过一代代人继承和积累，年长教给年轻的，老师教育学生，师傅传授徒弟，使得各种文化得到传承。文化通过语言、书籍、图纸资料、电子存储等方式被记录传承，还通过雕刻、建筑、物品、艺术作品、工具、设备设施等实物方式继承和发展，不仅可以传授给当代和下一代，还可以留给后来的人们，使文化得以长期保存和继承。现存的各种文化都是人类实践的结果，是文化传播、继承的结果。

2. 多样性

人类群体实践的多样性决定了文化的多样性，人是社会性存在，伴随着历史发展，人类从最早的氏族公社、部落联盟、民族发展到国家，群体由小到大，每个群体只有在一定的地域上才能生存。人类各群体分布在地球的不同位置，各地的气候环境和自然资源也不同，因而实践也不同，从而产生不同的文化。人类进化初期的实践都是为了获得食物、求得生存，但获取食物的途径、方式方法都不同，就会有不同的实践，从而产生不同的文化。比如，在平原、山区和海边生活，人们的生产生活方式都不一样，在热带、温带和寒带，生产生活的方式又不一样。在文化发展初期，由于地理环境的多样性造就了文化的特殊性和多元性。

文化在继承和发展过程中，又受到社会因素的影响，不同的社会阶级阶层、国家、社会制度、种族等，产生的文化种类更多。生产力的发展使社会分工逐渐细化，每次分工必然产生新的文化，分工越细文化种类越多。比如，自然科学、社会科学、艺术等文化大类，每个文化大类又包含许多小类文化，每个小类文化又包含多种意识形式，随着社会分工细化，会继续产生新文化。文化具有传播继承性，各个历史时期的各种文化都传承了下来，现存的文化种类繁多，足以说明文化的多样性。由于文化不同，人类被划分为各种群体，历史发展中产生了各种文明，不同的文明代表不同的文化，在不同的地域形成不同的社会，文化的多样性导致人类社会的多元化。

3. 融合性和斗争性

由于人类交往日渐频繁，文化交流日益增多，同样的文化在不同的群体中传播。当外来文化有利于自主文化提高时，自主文化就会吸收一部分外来文化，从而融入自己的文化，促进自主文化的发展。同时，也会出现群体的文化层次比较低，发展比较落后，常常被新的文化完全融合，主体文化逐渐消失的情况。文化的融合通常发生在科学领域，先进的物质生产文化比落后的物质生产文化生产效率高，容易被人们接受，融合本质上是优秀文化取代落后文化。存在融合也就存在斗争，文化多样性说明各种文化存在差异，有差异就有斗争。

由于两种文化互不包容或相互对立，当一种文化对另一种文化形成威胁，就会产生斗争。文化的斗争常常会带来其他方面的斗争，严重时会发生战争。政治经济的斗争也必然反映在文化斗争上，文化斗争主要反映在社会意识形态上，特别是在哲学、宗教方面，各个群体由于信仰文化不同而有所区分，信仰文化是一个群体的思想上层建筑，是一个群体的代表，任何一个群体都不会轻易放弃本民族的信仰。当一种信仰在广泛传播时，往往会受到其他民族的抵制，斗争便不可避免。各民族的信仰无法融合，决定了文化斗争的长期性。

4. 关联性和层次性

人类实践的分工越来越细，产生的文化也越来越多，各种文化相互关联、相互作用、相互影响，表现在各类文化内部和各类文化之间存在联系。比如数学、物理、化学、生物、天文等基础科学的发展，必然会促进相关应用科学技术的进步。而且，数学、物理、化学、生物、天文学之间也相互联系，相互促进。文化的大类有哲学宗教、政治法律道德、科学艺术、生活文化等。比如，哲学宗教的发展会影响政治法律道德，对社会和人产生影响，也会影响科学艺术、生活文化。人类实践将所有文化连接到一起，各种文化相互影响，共同作用于人和社会。人类文化的层次由社会的基本矛盾决定。生产实践反映人与自然的关系，人在改造自然的过程中产生自然科学，处理生产关系的实践会产生经济金融、财政税收等文化，处理政治关系的实践会产生政治法律、道德艺术、哲学宗教等。由社会的基本矛盾可以得出，同时代的自然科学发展决定了社会科学的发展，并影响了宗教哲学的发展。一定的自然科学时代，必定有相应的经济学和宗教哲学，自然科学没有重大发展，社会科学、哲学宗教也不会有重大变化，这是由社会主要矛盾决定的。

5.进步性和趋向真理性

文化具有传播继承性，每代人都是在现存的文化基础上实践和发展起来的。人们学习现有的文化，进行实践和创新，就会产生新文化，推动文化的进步，这是人类本质特征的反映。人类不断学习创新，文化就不断进步，就越能正确反映各种事物，越接近客观真理。人类对自然界、人和社会的科学认识也反映在人类自身的进步上，人类的发展是优秀文化不断产生并取代落后文化的过程，文化的进步性不仅反映了文化自身的进步，更体现在优秀的文化掌握人类个体的数量上。另外，社会发展也积累了大量非科学文化和糟粕文化，统治着人们的思想。社会的任务就是传播优秀文化，争取让每个人都接受时代最优秀的文化，人类自身才能不断得到解放。

▌三、文化的作用

文化最基本的功能就是反映人类在实践中总结的各种规律，记录和再现人类实践的过程。文化最重要的作用是促进人的解放和社会进步，人只有吸收了足够多的文化才能被称为文明的人，只有倡导优秀文化的社会才是一个文明且进步的群体。文化是人类的核心因素，是人类的灵魂。

1.反映了人类实践的各种规律

文化体现了人类认识和改造自然、社会及人本身的能力，标志着人类发展的高度。人类在物质资料生产、处理经济关系和其他实践中，逐渐发现了许多规律，随着实践的不断深入，发现的规律越来越多，人类对规律的总结形成各种文化，这些文化为人类的生产生活实践提供理论指导，保证人类实践顺利进行。文化反映了自然规律、社会规律、思维规律，相应地形成了自然知识、社会知识、思维知识、宗教哲学等，这些知识的科学程度表明了人类利用和改造客观世界的能力，标志着人类自身解放的程度。文化越能正确反映事物的客观规律，说明人类发展的阶段越高。

2. 反映和记录人类实践过程

为了反映和再现人类实践，产生了记录性文化，人类在实践过程中需要和自然界作斗争，需要和人本身作斗争，需要与社会和他人作斗争。国家之间有斗争，不同群体之间有斗争，各个群体内部也有斗争，斗争促进了人类的发展。人类在各种各样的斗争中探索、认识真理，在这些过程中发生了大量凸显人类克服困难、不断进取、勇于斗争、积极传播优秀文化的事件，涌现出大量继承发扬人类美德、追求美好生活、可歌可泣的人物，值得人们记录和传颂。文学、音乐、戏剧、舞蹈、绘画、档案资料、影视等多种意识形式记录了各个时代人类实践的内容，再现了人类的发展历程，反映了各个时代的历史事件，记录了各种人物，传承了人类精神，为人们研究历史提供了素材，为人类研究社会提供了依据。

3. 使人理性，让人走向幸福

人刚出生时，只有生理本能，没有社会意识。个人在成长过程中，逐步学习生活技能，学习认识、改造世界的知识和技能，但不论是技能还是知识，都是文化。比如，走路是一种生理技能，但是怎样走得健康就是文化；太阳每天升起和落下是一种自然现象，但是知道太阳为什么升起和落下，就是文化。同样，如何烹饪、如何制造工具、如何说话都是文化。生活中时刻离不开文化，可以说，人们的一举一动、一言一行无不包含着文化，文化使个人摆脱动物的感性，逐步变为理性的人，成为一个有尊严的人。文化是规律的体现，掌握了文化就掌握了规律，能使个人顺利活动、创造财富，成为生活的主人，文化使人摆脱痛苦、走向幸福。

4. 推动社会进步，促进人类自身不断解放

纵观进化史，人类由猿人逐步进化到现代人类，文化也伴随着这个过程的产生和发展。人类强大的过程就是产生并掌握文化的过程，没有文化，现代人和原始人没有太大区别。人之所以为人，是因为创造了大量文化，掌握了活动的规律，可以按照规律改造客观世界和主观世界，满足主体的需要。文化普及提高了人类的素质，科学文化为人类正确改造客观世界提供了可能，人类利用文化创造了大量的物质财富，为人类幸福提供了基础。文化揭示了社会规律，哲学宗教、道德法律等文化的产生和发展，可以约束人类行为，保证人类有良好的生产生活秩序,为人类的自由、平等和幸福提供基础，促进人类不断解放。

人类实践不断产生文化，文化持续促进人类进步，这是文化最大的作用。文化是人类劳动的成果,是人类智慧的结晶，是人类进步的阶梯，每个时代的文化都是人类进步中的一个台阶，这样人类才能不断发展。

第三节　优秀文化的世界性

历史唯物主义认为，人类实践是人类有目的地探索和改造世界的一切物质活动，具有客观性、能动性和社会历史性。

生产实践是最基本的实践活动，决定了其他一切活动。人类实践产生文化，文化不同产生的文明也不同，各种文明在发展过程中相互交流、相互斗争、相互促进。人类的优秀文化不能被简单地归结为某些民族或某些国家的成就，而是整个人类劳动的成果，每个民族、每个国家、每个家庭和每个人都为文化的发展作出了贡献。文化的产生和发展有独特的规律，根据文化的出现时间，可以将人类实践分为两大阶段，一是文化产生阶段，二是文化发展阶段，这两个阶段并没有明显的界线，分析这两个阶段中人类实践的制约性，从而分析文化产生和发展的被动性和必然性。

一、文化产生的被动性和必然性

1.地理环境制约人类实践

人类从类人猿进化成智人是一个漫长的阶段，因此，文化的产生也经历了一个漫长的时期。最初，人类只是凭借动物的生理本能生存，在与大自然的斗争中促进了生理功能的进化，在劳动实践中逐渐发现规律，产生语言、文字等人类特有的文化。人类最初的生产实践就是寻找食物解决生存问题。生产力包括劳动者、劳动对象和劳动资料三个方面，其中,劳动者是人类的某一群体,劳动对象就是当地的自然资源,包括当地的动物、植物、土地山川河流等,劳动资料就是树枝、石头、骨头等自然物。生产力三个因素中的两个因素都是自然资源，因此，人类实践完全受地理环境和气候条件的制约，人类只能适应当地的自然条件进行实践。不同的群体生活在不同的地理位置，各个地理位置的气候、地理环境、自然资源千差万别，直接影响了各个群体的实践。比如，居住在草原、平原、海边、山区等地区的不同群体，因为要适应当地的环境，生产实践的内容也不相同，只能根据当地的自然条件生存，这就是早期人类实践的制约性，地理环境、气候等自然条件是制约人类最初实践的唯一因素。

2. 文化形成的必然性和被动性

人类文化形成的必然性和被动性有两层含义。第一层是人类经过某种长期的实践，一定会发现这种实践的规律，必然会产生一定的文化。这是通过人类实践与社会意识的矛盾运动得出的结论，有实践活动，必然有意识产生，这是人脑功能的体现。长期从事某种活动，就会发现这种活动的规律，由感性认识上升为理性认识，从而产生相应的文化。第二层含义是人类从事什么实践，必然会产生什么样的文化，而不会产生其未曾实践的文化，即人类活动的制约性导致文化形成的必然性和被动性。人类最初实践的劳动资料、劳动对象都是自然资源，自然资源受制于地理环境和气候条件，人类要在自然资源中获取食物，进行生存实践。对最初的人类来说，自然资源是其生产力的内部因素，决定了群体的实践及认识内容。因此，最初形成的文化只与地理环境有关，正是因为地理环境的独特性，造成了文化的特殊性和必然性。比如，在草原地区生活的人们形成了游牧文化，在平原地区形成了农耕文化，在沿海地区形成了海洋文化。可以发现，最初的人类文化都是被动适应外部自然条件的结果，存在什么样的外部环境就会产生什么样的文化，不是人类主动的选择，而是被动的产生。

二、文化发展的必然性和被动性

1. 文化产生后人类实践受到的制约

一是人类实践受到地理环境的制约。不同群体在不同的地理环境、自然资源中生活，群体的实践必然受到当地自然条件的限制。在生产力低下时期，这种制约比较严重，随着生产力的提高，人类的交通工具、生产资料不断发生变化，人类出行的速度与广度得到提高，物质资料生产方式不断进步，人类实践受地理气候等自然因素的影响不断减少，但仍或多或少受当地自然条件的制约。

二是人类实践受现有文化的制约。文化产生以后，人类实践就要受到文化的制约，人类总是先学习现存的文化并开展实践，每个群体实践都受自己原有文化的影响，而只有掌握了现有文化，才能更好地进行实践和创新。人只有学习前人已经总结的规律，才能更好地探索和认识世界，在实践过程中继续发现规律，不断发展文化。因此，人类实践受到现有物质条件和文化的制约。一个群体的文化种类非常多，自然知识、物质生产文化、经济文化和宗教哲学等，都会直接影响本群体的实践发展，每个群体都是在自主文化的基础上发展与创新的。

三是人类实践受群体中人口因素的制约，如人群数量、人的生理特征、男女比例等。人口因素是发展的必要条件，只有具备一定数量的人口才能形成社会，进行社会生产。人口因素是社会生产及发展的前提条件，在一定的生产力发展水平上，人口的数量、密度和增长速度对社会发展可以起到促进和阻碍作用。人口的数量、质量、人口密度和增长速度与生产发展相适应，就有利于生产的发展。比如，人口过多就会影响社会的发展，给社会带来负担，延缓社会发展。人口构成的性别比例、年龄结构、人口分布、人口质量也会影响社会发展，但人口因素本身也是文化的一种表现。

四是本群体的实践受到相关群体实践和文化的制约。随着生产力的发展，群体之间必然进行交流合作或斗争，各个群体必然处在一定的外部关系中，其他群体的实践和文化会影响本群体的实践，相当于事物的外部矛盾，但有时，外部因素对本群体的发展有决定作用。外部影响有两个方面，一是受其他群体文化的影响，由于文化的传播性，其他群体的文化或多或少会传播到本群体内，对本群体的文化和实践造成一定的影响。二是受外部群体实践的影响，如群体间合作、对抗、战争等，都会对本群体的实践产生影响。外部关系始终影响着本群体的发展，作用有大有小。

2. 文化发展的必然性和被动性

文化发展的必然性和被动性是指文化在发展过程中不依赖任何人的意志、有自己的独特规律，人类已形成的文化从总体上讲是被动产生的，文化发展的被动性表现在文化形成后，每个人或每代人出生后只能接触现有的文化，只能在现有文化的基础上实践发展，无法选择，表现为被动。各种文明均是在各自现有的文化基础上继承和实践，而不可能继承其他文化，后续的发展也是在原来文化的基础上，每种文化都是顺着各自原有文化的方向发展。

必然性和被动性体现在文化的发展受制于群体实践的制约性。群体实践的制约因素导致文化发展的必然性，人类实践要受到本群体的文化、地理环境、人口因素、相关群体文化、实践等诸因素的制约。从本质上讲，文化是人类实践的反映和体现，人类实践受到什么因素制约，产生的文化也会受到这些因素的影响，因而文化的发展也存在被动和必然，只能在这些制约因素下发展，在分析文化形成的原因时，都可以追溯到这些制约的条件。

美国学者贾雷德·戴蒙德在《枪炮、病菌与钢铁》一书中指出，11000年前人类进化的程度相当，生理特征相差不大，理论上都可能产生优秀的文化，但在后来的发展中出现了较大差距，造成这个差距的原因就是地理环境。不同民族历史遵循不同的道路前进，其原因是民族环境的差异，而不是民族自身生物学上的差异。不同社会之所以在不同的大陆得到不同的发展，原因在于大陆环境的差异，而非人类的生物差异。只有在能够积累粮食盈余的稠密定居人群中，才有可能诞生先进的技术、中央集权的政治组织和其他复杂的社会特征。对于农业崛起至关重要的可驯化野生动植物只集中在全球九个狭窄的区域内，这些地方的原住民由此获得了发展枪炮、病菌和钢铁的先机。这些原住民的语言和基因，随同他们的牲口作物技术和书写体系，成为古代和现代世界的主宰。书中论证了地理环境的制约导致文化形成发展的必然性和被动性。

文化的传承一代接一代，不同群体实践都是被动继承上一代的文化而发展。文化的产生受到地理位置的制约，文化发展受到地理环境的影响，最合适的位置造就了最优秀的文化。人类发展的不同时期，优秀文化交替出现在不同地区，是群体无法左右的，各个群体都愿意创造出更加优秀的文化，但这必然要依赖群体生存的地理环境和历史文化。这也说明，优秀文化的产生是被动和必然的，只有在最适宜的环境中才能产生最优秀的时代文化，整个过程看似人类主动参与，但无法左右文化的形成和发展。

▌三、各个文明群体发展的不平衡

人类实践产生了文化，文化促进了文明群体的发展，形成了不同地区的各种文明。由于地域的广阔，同一时代的许多群体分布于地球的各个位置，由于地理环境等因素不同，发展不平衡是必然的，某个群体文化的优劣取决于地理环境和历史文化，因此，文明必然有发展的快慢之分。由上面分析可知文化产生和发展的必然性和被动性，文化产生后反过来又制约人类实践，每种文化只能在自主文化的基础上发展和创新。经过漫长的历史时期，各个群体在长期的文化累积过程中逐步形成了巨大差距，文化发展的快慢就通过文明群体表现出来。文化总是在最适宜的环境中优先发展，由于时代不同，优秀文化在不同的历史时期产生在不同的区域。最初，人类依靠自然环境生存，适宜生存的地理环境为文化提供了发展空间，比如四大文明古国。但当文化积累到一定程度，地理环境不再是制约生产力发展的主要因素时，国家之间的对抗、竞争为文化提供了广阔的发展空间，四大文明古国也分别在不同的历史时期处于落后位置，而众多国家的激烈对抗使得欧洲成为优秀文化的发源地，科学得到充分发展。随着信息智能化时代的到来，在合作最便利的区域，文化能得到快速发展。可以看出，随着时代的不同，优秀文化会在不同的地域产生。

各个群体实践存在制约性是客观的，群体文化的发展也是被动的，是群体主观无法左右的。各个文明群体的发展必然要受到文化发展的制约，和不同群体的生理特征没有关系，与人种无关。各个种族的生理特征不同，都是为了适应不同的地理环境和气候条件，经过长期进化形成的，这一点已经得到科学的证明，并没有优劣之分。现代科学表明，人类发展到智人以后，生理特征、脑部特征差异不大，理论上说明任何一个种族在适宜的地理环境中，都可以创造优秀文化，而不是只有特殊的人种才能产生优秀文化。如果把早期的欧洲人和美洲人的生存位置交换一下，是否会在美洲产生近代先进的欧洲文明呢？答案显然是否定的。从这个意义上讲，文化有强弱，人种无优劣，文化有快慢，文明无高低，文化的先进和落后不是哪个群体主动发展造成的，而是被动进化的结果，因而各个文明群体都是平等的。

四、优秀文化的世界性

文化在交流传播中发展，随着文化交流的广度和深度的加大，各种文明都吸收、借鉴其他文明的文化，不断创造出优秀文化。可以说，优秀文化是全世界各种文明的优秀文化集成。优秀文化是全人类智慧的结晶，是人类所有群体斗争的结果，属于全世界人民，不能简单地归结为哪些民族或哪些国家创造了世界优秀文化。

第一，人类起源的同一性，人类拥有共同的祖先。现在，考古学、生物学及遗传学的发展已经证明，人类是由猿人进化而来的。人类原本就有统一的祖先，随着人类迁徙到不同的地区生活，从而产生不同的文化。大约从 11000 年前开始，人类慢慢出现差别。文化差别是人类适应不同环境的结果，仅与群体所处地理位置和环境有关，早期人类必然要分布到世界各地才能生存发展，但各地的自然条件不同，从而造成文化发展的不平衡。

第二，某个群体的优秀文化都吸收了其他文明的优秀文化。文化的多样性决定了文化的斗争性，斗争性又反过来促进了文化的发展。文化在交流中提高，在斗争中发展，现存的各种文化是人类各个群体实践的共同结果。随着生产力的提高，人类沟通的方式增多，交流更加频繁，文化传播加快，西方文化的发展吸收了东方的优秀文化，东方文化的提高同样借鉴了西方的优秀文化，本民族的优秀文化都吸收了其他民族文化的优点。如果认真分析某个群体的优秀文化，必然会发现其文化发展借鉴和吸收了其他文明的文化，吸收其他民族文化对这个群体发展的作用无法界定，但可以肯定的是，其他群体的优秀文化促进了这个群体文化的发展，因此，现代的优秀文化是全世界人民实践和斗争的结果。

第三，世界优秀文化离不开落后文化群体的贡献。随着人类交通工具的进步，人类斗争从原始社会部落拓展到民族和国家，最终斗争发展到全世界，文化斗争也在不同的地域广度上展开。16 世纪以后，西方进入资本主义社会，科学得到空前发展，产生了大量的优秀文化，迅速发展的资本主义国家侵略和殖民落后文化的群体，掠夺各种资源促进了本国发展。落后文化群体没能产生优秀文化，是这个群体无法左右的，但他们在与优秀文化群体的斗争中付出了巨大的牺牲，为优秀文化的发展提供了大量资源，近代西方优秀文化的发

展离不开殖民地人民的贡献。14世纪至20世纪，各殖民地
为西方资本主义国家提供了巨大的人力和自然资源，西方发
达国家的先进文化中凝结着落后文化群体的血泪和汗水。从
这方面讲，世界优秀文化是全体人类成员的共同成果，具有
广泛的世界性。

　　某些文明群体产生了先进的文化，只表明，这种文明群
体生活在适宜的地理位置，获得了幸运的机会，发展比其他
群体快一些，因而获得的幸福也会多一点。而落后的群体，
由于地理环境的制约，产生不了优秀文化，饱受自然压迫和
其他群体的压迫和剥削，生活得更加贫困和痛苦，他们为人
类发展承受了代价，但也作出了贡献。历史唯物主义揭示，
人类最终要获得普遍幸福，但是从人类的产生到全人类的普
遍幸福，是一个漫长的进化过程，在此过程中，总是要有一
部分人来承受发展的痛苦，这是无法避免的，即在历史的某
个阶段，总有幸福的群体和不幸福的群体，那么这些不幸福
的群体就承受了人类发展的痛苦，理应受到其他群体的尊重，
更不应该被歧视。

第十章　树立科学的世界观

第一节　世界观学说的发展

由文化的形成和种类可知，一定生产实践的文化，必定会有相应的经济文化、道德法律及宗教哲学。由于人类的发展，生产实践的文化不断进步，人们的生产实践中往往只需要最先进的生产文化。因此，历史各个时代的物质生产文化，现在基本不使用，取而代之的是最先进的科学技术，但是哲学宗教等文化也全部传承下来。历史上的哲学家、思想家非常多，每个哲学家和每种宗教都有自己的思想，都是认识世界的一种理论，所有的哲学和宗教思想传承积累到现在，造成全人类信仰繁多、差异巨大。人类由于信仰不同被分割为众多的文化群体。哲学和宗教都属于世界观学说，是认识论，居于文化的顶层，直接影响着人的思想，从而作用于人的活动。

一、世界观和世界观学说

世界观来源于人的生产和生活实践，每个人都需要与自然界、人及社会打交道，经过长期的活动，必然会对客观世界产生认识，形成对自然界、人、社会关系的根本看法，这就是个人的世界观。普通心理学揭示的世界观人人都有，这是人心理活动的规律。世界观是人自身生活实践的总结，一般人往往是自发形成的，建立在一个人对客观世界系统的、丰富的认识的基础上，包括自然观、人生观、历史观等。世界观处于个人意识的最高层次，对个人活动起支配作用和导向作用。同时，世界观也是个性倾向性的最高层次，它是人行为的最高调节器，制约着人的整个心理面貌，直接影响着人的个性品质。人们认识世界和改造世界所持的态度和采用的方法最终是由世界观决定的。

普通心理学揭示，每个人都会产生世界观，由社会实践可知，处理社会政治关系的实践也必然会产生哲学、宗教等世界观学说，根据世界观学说形成的方式不同，可以分为理性的哲学和非理性的宗教；根据对社会管理职能的不同，也可以分为上层建筑世界观学说和非上层建筑世界观学说。上层建筑分为政治上层建筑和思想上层建筑，思想上层建筑主要是哲学宗教、道德法律等，而哲学和宗教往往通过道德法律来体现。人们的世界观需要思想家概括和总结并给予理论上的论证，才能成为世界观学说。

马克思主义哲学认为，哲学是世界观的理论化和系统化，是对自然知识、社会知识、思维知识的概括和总结。哲学是理性的世界观学说，它将世界观的各种问题、观点用一定的原则组织起来，作出系统的概括和理论总结，通过一系列特有的概念范畴和系统的逻辑论证形成理论体系，这是由哲学家自觉创立的各种世界观理论化、系统化的学说，哲学的表现形式必然是纯精神性的概念体系和观念形态，本质上为理性主义。哲学在长期的发展中分为唯物主义和唯心主义两大派别，哲学是随着人类对客观世界认识的深入，社会发展到一定高度，人类对自然、人类本身、社会的认识到了一定程度才能产生，并不伴随人类的产生而直接产生，而取决于自然科学的发展程度，依赖于人对客观世界较为理性的认识。只有自然知识发展到一定程度才会产生哲学，哲学的抽象性、理论性和逻辑性都比较强，理解需要一定的理论基础，不容易被普通民众所接受，因而传播的广度受到限制。

人类在发展初期，不能科学、理性地认识各种事物和现象，逐步形成非理性世界观学说，即宗教，宗教学揭示了宗教产生和发展的过程。宗教伴随着人类早期实践而产生，比哲学产生时间要早得多，影响要广泛得多，且随着生产力的发展而变化。宗教是非理性认识，无法通过严密的逻辑论证得到，只能用来信仰。恩格斯说："宗教是统治人民的自然力量和社会力量，在人民头脑中虚幻颠倒的反映，是对于超自然实体及神灵的崇拜来支配人民命运的社会意识形式。"它既不是经验的对象，也不是理性的对象，而只能是信仰的对象，即使欧洲中世纪最著名的神学家托马斯·阿奎那也承认，"基督教的一系列基本信条，如三位一体、道成肉身、化体说、原罪说、创世说、末日审判之类，乃是神启的真理，直接来自上帝的启示，是不能为理性证明的，如果一切宗教所信仰的真理，皆需要理性或哲学的证明才能相信，那只会破坏宗教。"宗教的要素通常分为两类，一类是宗教的内在因素，包括宗教观念和宗教体验，相当于认识论；另一类是外在因素，包括宗教行为和宗教体制，好比方法论，整个宗教活动是认识论和方法论的统一。其中，处于基础或核心地位的是宗教观念，只有在宗教观念的逻辑前提下，才有可能产生观念主体对它的心理感受或体验。宗教观念本质上是对世界的认识，是宗教的基础，其他的理论都是从认识论衍生出来的。大多数宗教存在对人的精神关怀和终极关怀，这是人类需要的。但是，大多数宗教将人类的美好希望寄托到来世或出世，对现世关注度不足。宗教的戒律和行为准则中，有一部分是人类传统美德和人类精神的体现，但宗教都存在消极部分，与人类精神相悖。宗教的多样性与最初产生地的自然环境多样性有直接关系，宗教的理论相对简单，易于人们理解，往往伴随民族的发展而演变，而且有宗教仪式经常性的影响，因此，宗教的传播比哲学广泛。

人类的长期实践必然会产生世界观学说，世界观学说是人类实践的需要。国家产生后，世界观学说就显得尤为重要，其对社会管理的作用日益突出。世界观学说体现在社会的道德法律中，从而影响个人活动，哲学和宗教都服务于社会，哪种世界观学说对统治阶级有利，就会得到社会的推崇。

二、世界观学说的发展史

哲学和宗教都是人类实践的间接反映，都是世界观学说，并随着人类改造客观世界能力的提高而变化，哲学和宗教都有其发展历史。

1.哲学发展史

哲学通常分为西方哲学、印度哲学和中国哲学。由文化的层次性可知，对自然的认识程度决定了哲学的发展，从历史上看，只有西方国家自发进入资本主义社会，自然科学得到了充分发展，哲学随着自然科学的发展而发展，西方近代产生了众多的哲学家，而中国和印度一直处于封建主义社会，主要为自然经济，自然科学长期没有获得大的发展，因而哲学也没有太大发展。从哲学的内容上讲，西方哲学研究了人与物的关系，中国哲学在于处理人、群体之间的关系，印度哲学主要探索人与自己的关系。总体看，哲学发展经历了三大阶段。

　　第一阶段是轴心时代及以前。轴心时代在公元前800年到公元前200年左右，各个文明群体经过不断积累和发展，产生了众多著名的哲学家和思想家，比如中国的孔子、老子、墨子等，印度的佛陀等，古希腊的苏格拉底、柏拉图、亚里士多德等，这些人提出了不同的哲学思想，产生了众多哲学理论，都具有朴素辩证的观点，奠定了各自哲学的发展方向。

　　第二个阶段是从轴心时代结束到17世纪前后。各种文明基本处于奴隶社会和封建社会，主要是自然经济，中国主流哲学沿着孔孟的思想发展。佛教传入中国后，儒家吸收了道家、佛家思想产生了宋明理学。印度哲学是宗教哲学，从产生到近代没有太大变化。汤用彤说："印度学说宗派极杂，然其要义，其问题约有共同之事三，一曰业报轮回，二曰解脱之道，三曰人我问题。"印度哲学思想常以宗教的形式表现出来。西方社会经历了一千多年的中世纪，这段时间的哲学形态主要为基督教哲学，是一种由信仰坚定的基督徒建构的、自觉地以基督教信仰为指导的，但又以人的自然理性论证其原理的哲学形态，历经了教父哲学、经院哲学、文艺复兴时期哲学。

　　第三阶段是从17世纪到现代，西方随着自然科学的快速发展，社会经济结构不断发生变化，哲学也得到了空前的发展。在自然科学的启发下，西方哲学家建立了一个又一个哲学体系，黑格尔将古典主义哲学推到了顶峰。19世纪中期，马克思吸收了费尔巴哈的唯物主义及黑格尔的辩证法，创立了辩证唯物主义和历史唯物主义，造就了科学的哲学体系。马克思时代以后，虽然产生了部分哲学流派，但影响较小。中国哲学在这段时期没有大的发展，1917年俄国十月革命促进了马克思主义哲学在中国的传播，而后占据了主导地位，与中国哲学相结合，引起社会翻天覆地的变化。印度哲学在这个阶段结合西方哲学有所发展，但仍以印度宗教哲学为基础，印度的近代哲学家和思想家以传统的印度教吠檀多哲学或伊斯兰哲学为基础，建立了自己的宗教哲学思想体系，并把这些思想运用到社会政治斗争领域，实现了印度的独立自主。

人类实践永不停步，必然推动自然科学的不断发展，如果对客观世界的认识有了重大进步，新的哲学就应运而生。哲学随着人类实践的发展而发展，随着科学的普及而普及。

2.非理性世界观学说发展史

非理性世界观学说主要是指宗教，宗教是指一切非理性的信仰，包括的种类较多，从原始社会到现今，宗教经历了原始崇拜、部落宗教、民族宗教、国家宗教以及世界宗教。伴随人类发展，宗教在不同的历史阶段和地区有不同的表现。宗教随着人类社会的发展而变化，但是它和哲学不同，哲学是随着科学的发展而趋向真理，而宗教则随着科学的进步而走向没落。恩格斯以历史唯物主义为原理和方法，具体说明了宗教发展的历史进程和宗教在不同历史阶段所展现的历史形态，提出了宗教在历史上是从部落宗教发展为民族宗教及国家宗教，再发展为世界宗教的主张，为人们提供了科学的宗教发展理论。

宗教的第一阶段为氏族—部落宗教，表现为原始崇拜。根据科学界和古人类学、考古学的数据考证，原始崇拜的迹象大致出现在旧石器中、晚期，即始于母系社会而完结于父系社会。原始的"崇拜文化"形成过程十分漫长，时间跨度在二十万年左右，这说明人类的精神文化是一代代积累和传承下来的，而不是某一个早晨被神创造出来的。原始崇拜主要有自然崇拜、灵魂崇拜、生殖崇拜、图腾崇拜、祖先崇拜等，每种崇拜都有其产生的原因及对应的时代，是随着人类能力的提高而变化的。"史前宗教"（即"原始崇拜"到"部落宗教"）则是现有一切宗教文化的源头，这也说明宗教本身不是"神"或"上帝"创造的，而是人类文明发展到一定阶段的产物。宗教作为一种文化或意识形态，它的发展演变是人类社会物质生产推动的结果，同时它也反作用于社会各个领域。

第二阶段为民族宗教和国家宗教。生产力的提高促进原始公有制瓦解，使人类群体由部落过渡到奴隶社会。建立了国家，民族宗教就变成了国家宗教。从世界上几大文明古国形成的国家民族宗教的渊源来看，它们都是从原始社会末期的氏族部落宗教演变而来的，国家民族宗教崇奉的各种神灵都植根于原始时代的祖先崇拜、图腾崇拜、自然崇拜和天神崇拜，只不过在文明古国的等级制社会或阶级社会里，国家赋予这些神灵以新的神性，使之更适合国家社会的特点和需要而已。在原始崇拜的文化积淀上，文化基因代代叠加，最终形成了较完善的民族宗教。随着国家的建立与巩固，民族宗教发展为国家宗教，国家宗教是社会的上层建筑，其随着政治国家和阶级社会的形成而形成，随着它的演变而演变，社会的持续和结构决定神灵世界的秩序和结构，它的演变也必然伴随神灵世界秩序和结构的演变。某个宗教的历史往往就是某个民族的历史，人们透过宗教看到的不是神的身影，而是人类的某种文化精神。

第三阶段为宗教发展的最高阶段，即世界性宗教。世界范围内的社会斗争及各种宗教文化的传播，逐渐形成了三大世界性宗教——佛教、基督教和伊斯兰教。

宗教在中世纪达到高峰，随着科学的发展逐渐衰落，宗教的基础理论受到科学的否定，它的基础逐渐丧失，信仰的人逐步减少。宗教从原始崇拜到世界性宗教的漫长历史，记录了非理性世界观学说的发展变化，宗教还会存在较长的时间，直到科学的哲学普及。宗教的演变及宗教自身的发展，都与人类文明环环相扣，没有脱离人类社会而独立存在的宗教，也没有脱离人类物质生产而凭空高悬的精神信仰，不论是哲学还是宗教，都是人类实践的间接反映。

三、科学发展与世界观学说发展的关系

科学是以范畴、定理、定律的形式反映现实世界各种现象的本质和运动规律的知识体系。科学是历史发展的产物，是只有在社会发展到一定阶段才会出现的科学体系。自然科学与社会科学、思维科学并称"科学三大领域"。马克思主义哲学认为，哲学与各类科学的关系是共性与个性、一般与具体的关系，哲学是各种科学知识的概括和总结，是以各种科学知识为基础，总结抽象得到的一般规律。从历史上看，哲学的产生远远落后于宗教，原始社会只有原始崇拜，而没有哲学，只有生产力发展到一定程度上才能产生哲学。哲学不是凭空产生的，而是在人们理性认识世界的基础上产生的，也不是哲学家想创造什么样的哲学就能创造什么样的哲学，而是必须依赖各种科学的发展现状，各个时代的科学技术状况决定了能产生什么样的哲学。自然科学发展程度决定了哲学的真理性，自然知识中有多少科学的成分，哲学就有多少真理的成分，时代越发展，科学越完备，哲学的真理性就越强。

梁漱溟说："人一辈子首先要解决人和物的关系，再解决人和人的关系，最后解决人和自己内心的关系。"通俗讲，人在实践过程中要处理三方面的关系，一是与自然的关系，二是与人的关系、与群体的关系，三是人与自己的关系，简单地说就是做事、做人、做自己。所有的哲学和宗教都是围绕处理这三种关系来展开的，人与自然的关系是一切关系的基础，因此，对自然和人的认识往往是所有哲学和宗教的理论基础，所有宗教和哲学中都包含对自然和人的认识，科学与宗教的基础理论相对立，宗教的产生是由于人类无法正确认识自然、社会和人类的诸多现象而产生的，神存在于未知和不确定之中。伏尔泰说："人类的理性没有能力自己来证明灵魂的不死，所以宗教才不得不给我们作出这项启示。"只要科学不能给出令人信服的解释，就需要神来启示。

哲学和宗教都与科学的发展有直接联系，哲学和宗教是用人类认识的不同部分来解释世界，哲学是用人类已理性认知的部分来解释世界，而宗教则是利用人类没有科学认识的部分来解释世界。宗教中的非理性成分反映了科学未知的部分，这方面科学、宗教是互补的，即科学没有认识的部分需要神来启示。在马克思主义哲学产生以前，各个时代都是如此，自然知识中含有多少科学的成分，哲学中就含有多少真理成分，未知的部分就是神的领地。哲学和宗教都会随着科学的发展而变化，但哲学是向真理性变化，相信的人越来越多，而宗教则趋向没落，但不会完全消失，因为认识的无限性和事物发展的不确定性，神就有存在的理由和空间。不过，这个空间会被科学和哲学压缩得越来越小，信仰神的人也就越来越少。科学的发展和普及推动了哲学的发展，促使宗教衰落。

第二节　树立科学的世界观

▍一、科学的哲学

哲学是各类科学发展的集中体现，黑格尔说："哲学必须上升为科学的真理体系。"自然科学三大发现以后，科学的哲学具备了产生的条件。

马克思主义哲学是科学的哲学。马克思主义哲学的产生以科学为前提。18世纪末到19世纪，自然科学已经从分门别类地收集材料的科学，转变为整理材料的科学，如细胞学说、能量守恒和转化定律以及达尔文的进化论。由于这三大发现和自然科学的巨大进步，不仅指出自然界中各个领域内的过程之间的联系，而且也能指出各个领域间的联系。依靠自然科学可以近乎系统地描绘一幅自然联系的清晰图画，并经过实践检验证明它的真理性。与人类生活密切相关的物质世界的本质及规律，基本被人类正确认识，这就说明，自然科学发展的辩证性质，为从哲学上概括物质世界的一般发展规律提供了可靠的科学基础。马克思主义哲学就是建立在这个可靠的科学体系的基础上的，因而是科学的哲学。马克思主义哲学的理论来源是人类历史上优秀的哲学思想的集成，是对当时社会科学和哲学重大优秀成果的概括和总结。其中，黑格尔的辩证法和费尔巴哈的唯物主义是马克思主义哲学产生的直接理论来源，马克思抛弃了黑格尔的唯心主义体系，批判地吸收了辩证法的合理内核，抛弃了费尔巴哈哲学中形而上学和宗教伦理唯心主义的杂质，吸收了唯物主义的基本内核，在此基础上通过科学的发现，创立了辩证唯物主义和历史唯物主义。

科学的哲学是人类智慧的结晶，是每个人的必修课。马克思主义哲学是人类优秀文化的结晶，是从科学中产生的哲学，不能等同于其他哲学家的思想。不同的历史时代会产生相应的时代哲学和宗教，这些哲学和宗教被人们交流传承下来，每个时代的哲学和宗教都有各个时代的特点，或多或少都存在合理性。随着科学的发展，哲学中合理的成分越来越多，但真正上升为真理体系的哲学，只有马克思主义哲学，这也经过了实践证明。马克思主义哲学不是专门为哪个阶级和群体服务的，它是为全人类服务的，它是人类认识和改造主观世界和客观世界的强大工具，没有这个工具，人类就无法合理、科学地改造世界，也无法踏上和平合作的正义之路。任何歪曲马克思主义哲学、定义马克思主义哲学适用范围的，都是注定要失败的。

科学发展改变了人类的生产生活方式，最先进的科学技术给人们带来了巨大便利。个人要获得幸福生活，不仅需要满足物质生活，更需要精神生活满足。特别是物质需求得到基本满足后，精神需求就变得更加强烈。人的感觉一刻也不停止，人的情绪伴随人的一生，物质充足无法解决精神上的空虚或痛苦，人生的价值和追求就变得更为重要。人需要学习和实践社会人文科学，如历史、哲学、宗教、艺术等，来解决精神上的空虚和痛苦，而科学的哲学是解决人类精神世界问题的工具，可以指导人类改造主观世界，共同促使人类走向幸福。个人的世界观不科学不仅不会使个人走向幸福，可能会适得其反。

■ 二、世界观学说与人的关系

　　人类经过长期、不断地探索，对生活密切相关的物质世界有了较为科学的认识，但由于客观世界的无限性，宇宙中时刻存在人类未认识和不确定的部分。每个人都有世界观，这是人的心理特点，也是个人长期活动的结果。个人在活动中会接受许多科学知识，因此，个人世界观就包含科学的成分。另外，由于个人认识的局限性以及客观世界的无限性，一个人不可能全部科学地认识整个客观世界，个人意识中也一定存在不科学的部分。因此，每个人的世界观中都包含科学的成分与不科学的成分，或者说，哲学成分和神的成分构成了每个人的世界观，只是两种成分多少不同而已，个人掌握的科学及科学的哲学知识多，宗教成分就会少；个人掌握的科学及科学的哲学知识少，科学世界观成分就会少，不能用科学去解释世界，就会信仰宗教。

　　在现实中，人们掌握实用、具体的科学比较容易，能保证做事遵循规律，但是不论是否学习哲学和宗教，都会产生世界观。自发形成的世界观与科学的哲学相差甚远，世界观不科学导致价值观不正确，生活中挫折、痛苦烦恼就多，转而就可能信仰宗教。因此，个人应主动学习科学及科学的哲学，增大世界观中哲学的成分，将科学的哲学上升为个人的世界观，压缩神的空间，从而最大限度地保证个人的幸福。

■ 三、树立科学的世界观

　　人类发展的本质是文化的进步，文化的进步反映在两个方面，一是人类产生优秀文化的高度，即认识客观世界的深度；另一个是人类掌握优秀文化的程度，即优秀文化的普及程度。人类文化已经发展到一定高度，但是普及程度较差，许多人对自然、社会和人不能正确认识。非理性世界观学说是人类在发展过程中产生的时代文化，随着科学的普及，会逐步退出历史舞台，但由于产生非理性世界观学说的因素存在，且还会存在较长时间，为了全人类福祉，社会应崇尚科学的哲学。

1.国家要倡导人民相信科学，信仰科学的哲学

历史的车轮已经走进科学时代，生活中科学无处不在，所有的生产生活都有科学的理论，按照科学实践才能成功。社会应倡导民众相信科学，抛弃对马克思主义哲学的敌视和偏见，引导人们学习科学的哲学。

2.开展全面的科学教育

学校设立的课程必须是科学的成果，高中及以下阶段设置基础的科学知识、辩证法和心理知识，让每个人掌握各种自然知识、社会知识、人的知识等，接受的知识能从理论上完全科学地认识世界，引导个人建立科学世界观。大学的课程围绕建立科学的世界观来设置，文理兼修，学习心理学和科学的哲学，让学生能在理论层面全面、正确认识自然界、社会和人。教育的目的不仅是使人成为某专业的人，而且要成为专业而哲学的人，接受全面的知识，消除认识上的盲区，为形成科学的世界观打下理论基础。

3.禁止向未成年人传播非科学的世界观

《世界人权宣言》明确保护信仰自由，但有些国家过早地把非科学的世界观学说灌输给未成年人，未成年人没有能力辨别信仰的科学性，又没有能力选择信仰，如果外部对未成年人灌输非科学的世界观学说，就等于侵犯了个人信仰自由的权利。因为未成年人一旦接受某种非科学的世界观学说，

成年后可能在该信仰影响下发展，从而丧失选择信仰的机会。社会应确保个人信仰自由，不能过早地向未成年人灌输非科学的世界观学说。

4. 个人要主动学习、认识世界的各类科学知识，践行科学的哲学，树立科学的世界观

各类科学知识是规律的表现，自然科学是人类对物质世界的科学认识，需要学习并掌握相关科学知识；思维科学研究人类心理活动的规律，应该学习和理解；优秀的社会科学反映社会的本质和规律，法律道德是处理人与人、人与社会关系的准则，需要学习、掌握并实践；人文科学如文学、艺术、历史等反映和记录人类实践的过程和规律，需要理解和掌握历史演变过程及其主要精神；科学的哲学是认识自然、人类及社会的工具，更应该学习并理解，在实践应用中检验，并逐步将科学的哲学转变为个人的世界观。个人要主动学习知识并勇于实践，树立科学的世界观，只有科学的世界观才能使个人达到心理健康，获得长期幸福。

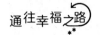

第十一章　人类主动发展

　　人类发展过程漫长，但也可以作简单描述。早期人类为了生存寻找食物，在长期的实践中发现一些自然规律，如驯化部分动物和植物、认识到气候的变化、制作简单的生产生活工具等，逐渐产生文化。后来的人在以往的文化上继续实践，不断产生新的文化，文化提高了人的生活质量。人类不断发现新的规律，文化不断进步，在文化的作用下，人类的实践逐步由被动适应转变为主动发展，主动发展的范围不断扩大，由最初的氏族部落到民族或国家，最后到联盟。人类的每一次进步都要付出劳动、痛苦甚至生命，并消耗物质资源，这些都是人类发展的成本。可以说，发展与人类付出的成本成正比，随着科技的快速发展，如果不能实现全人类的主动发展，就会增大人类的发展成本，产生不可接受的后果。

第一节　人类发展成本

一、人类发展成本的概念

　　人类历史也是文化的发展史，物质文化和精神文化是人类发展的成果，人类因文化变得强大。文化不会自主产生，文化是规律的体现，规律只有靠人类的实践才能获得，文化也只能在社会实践中产生和传播。在这两大过程中，人类也付出了昂贵的代价，文化的获得充满艰辛和曲折，文化的普及充满斗争和痛苦。人类在探索规律的过程中，不可避免地与自然界、其他群体、人本身进行斗争。优秀文化在传播的过程中必然要和落后文化进行斗争，在产生和传播优秀文化的过程中，人类都会付出劳动、物质财富、自然资源、精神痛苦、生命等代价，这些代价的总和就是人类发展的成本。

二、人类发展成本

人类发展成本有劳动成本、生命成本、生理及精神成本、自然资源、物质财富等，正是由于人类在发展中付出了巨大的成本，不断获得文化，人类的生命质量才能不断提高。从这方面讲，人类的付出都是有意义的，是必不可少的。恩格斯说："没有哪一次巨大灾难不是以历史进步为补偿。"分析人类发展成本，目的是用尽可能小的成本获得尽可能大的发展。

1. 劳动成本

劳动是人类发展最根本的力量，是人类付出最大的成本。劳动是直接创造财富的过程，世界上的一切文化都是人类劳动的成果，劳动创造了人类本身，创造了一切物质财富和精神文化，没有劳动就没有人类的一切。历史发展到现在，人类劳动包含历史上每个人的劳动，每个人都对人类的发展作出了贡献，因此，每个人的劳动都是值得肯定的。正是由于一代又一代的劳动，人类才能不断向前发展。

2. 生命成本

生命是人类最宝贵的东西，在人类发展的过程中，付出了不计其数的生命代价。生命成本是指人的生命未达到时代的人均期望寿命而过早死亡。死亡的代价无法衡量，它能让人类反思，促进人类发展。产生生命成本的原因有四大类。

第一类是在生产实践中产生的生命成本。一是指在探索自然规律、发现科学真理过程中产生的生命成本。人为了生存发展要与自然作斗争，在探索发现自然规律的过程中容易造成人员的非正常死亡。人的活动受自然因素影响较大，在实践中遭遇暴风雨、干旱、饥荒、洪灾、地震、雷击、中毒等各种自然灾害时，人员易死亡。二是在物质资料生产过程中付出的生命成本。人类无时无刻不在生产物质资料，在物质资料的生产实践中，由于没有发现生产的规律，生产存在盲目性，就容易发生事故，造成人员死亡。随着人类逐步认识到自然规律和物质资料的生产规律，减少了实践的盲目性和被动性，生命成本已大幅降低。

第二类是在社会斗争中产生的生命成本。社会斗争存在普遍性，主要有群体间的斗争和群体内部斗争，在这些斗争中会出现大量的人员死亡。一是群体间的斗争，包括战争、殖民、恐怖活动、竞争等，这些社会斗争导致大量人员非正常死亡。特别是战争，毁灭性大，死亡人数多。从古到今，因战争死亡的人数无法确切统计，仅两次世界大战的死亡人数就超过1亿。另外，其他形式的群体斗争也会造成人员死亡，比如恐怖活动、殖民统治等。二是社会中各阶级集团之间的斗争，包括统治阶级与被统治阶级的斗争、统治阶级内部斗争等，这些斗争往往导致战争，造成大量人员非正常死亡。三是人民内部矛盾产生的生命成本，主要是企事业团体、家族、个人的利益斗争引起的，属于人民内部矛盾，现在主要是违法犯罪引起人员死亡。随着社会进步，由社会斗争引起的生命成本也在逐渐降低。

第三类是疾病导致的生命成本。一方面，个人因为疾病未达到人均预期寿命而死亡。人类对人的生理规律及疾病的认识需要一个漫长过程，从古至今过早死于疾病的人不计其数，由于疾病过早死亡的原因比较多，比如医疗水平低、条件差、对疾病无法治疗、个人没条件医治、认识不足、未及时医治等等。随着对生理及疾病认识的深化，医学水平不断提高，人们对各种疾病的认识、治疗、预防不断提高，已经能够治疗大部分疾病。二是传染病暴发引起生命成本。这种现象历史上多次出现，每隔一段时期社会就会暴发传染病，导致大量人员死亡，人类不断攻克已经出现的传染病，但新的传染病又会产生，由于人类交通变得快捷，如果不能合作科学应对，传染病的影响就会加大，这种斗争将是长期的。总体上由于人类整体医疗水平提高和防护措施科学，因传染病死亡的人数也在逐步减少。

第四类是个人在生活中不遵循活动的规律而导致的死亡。比如，在各种工伤事故、交通事故、溺水、火灾、刑事案件等意外事故中死亡的人，这是人类普及文化的代价。另外，自杀导致的死亡原因较多，这也是人类发展的生命成本。

生命最为宝贵，生命成本往往能引起人们的重视，促使人们思考、总结、吸取教训、采取措施。由于探索未知世界和传播文化，人在发展过程中的非正常死亡是无法避免的，但是生命成本应该随着生产力的发展越来越少，才能体现发展的科学性。

3. 生理及精神成本

人类从原始社会发展到人人幸福的共产主义社会，是一个漫长的过程，由于受到自然压迫和社会压迫，人的生理会受到伤害，人的精神必然会产生痛苦，痛苦也是人类发展中比较大的成本。痛苦产生的原因主要有三方面，一是社会因素，二是自然因素，三是个人原因。凡是能造成生命成本的因素，也会给人造成精神痛苦。个人遭受的痛苦主要有两种，一种是生理疾病导致的痛苦，另一种是纯粹的精神痛苦，是活动对个人造成的各种负面情绪、情感，这种痛苦对人的影响最大。

一是社会因素对个人造成痛苦。由于个人生活在社会中，社会因素对于个人来说是不可抗拒的，比如战争、恐怖活动、残酷统治、社会动荡、贫困、饥荒、瘟疫等，都会给人们造成痛苦。还有在正常的社会活动中造成的痛苦，如政府、企事业团体、家庭或他人对个人造成的痛苦。由于人类的不断进步，上述原因正在逐步减少。在信息智能化、经济全球化的过程中，资本主义国家的对抗引起的无序竞争及就业难产生的压力不断增大，导致个人痛苦逐步加大，且有普遍性和长期性的趋势，会影响每个人。随着科学技术的快速发展，私有制使得资本与技术越来越紧密结合，给人的就业带来新的冲击，产生了"技术性失业"。私有制的最后一个阶段是资本主义社会，是商品经济社会，是物的依赖性社会。个人的生活必须建立在一定的物质基础上，从而导致人类对物欲的普遍追求，社会名气、财富地位等外部条件成为个人成功的标准。在社会竞争的大环境下，每个人都陷入对物质财富的追逐之中，且由于优质资源有限，所有人都陷入竞争的旋涡。信息化让世界无比透明，竞争无处不在，互联网将本质不平等的每个人放到相对平等的平台上竞技，造成无序竞争，加剧了每个人的生活压力。

私有制社会往往用物质上的成功来评价人，各行各业的成功人士宣扬成功的经历和经验，让人感觉平庸只是个人不够努力，从而对每个人都造成了莫大的刺激和压力。虽然财富的分配是不平衡的，各行各业的成功人士也只是极少数，但丝毫不影响竞争的残酷性。由于每个人的前途都是未知的，都有可能获得成功，全民都加入竞争的行列，每个人都感受到巨大的精神压力，多数人都忍受着不能成功的无奈和痛苦，又无法摆脱。部分人为了财富地位不择手段，导致腐败现象增多，道德不再是人们追求的东西，只要有利可图，法律也可以践踏，整个社会成为一个巨大的名利场，富人为了资本增值而努力，普通人则为了过上富人的生活而奋斗，物的依赖性社会演变为物质奴役人的社会，人们在对物质的过度追求中迷失了方向，必然导致心理上的痛苦和空虚。

　　无序竞争的压力无形地、长期地作用于每个人，如果个人不能坦然面对和化解竞争压力，便会生活在烦恼和痛苦中，随着精神痛苦的加重，对个人的生活产生较大影响，严重的会导致人际关系紧张，产生抑郁、焦虑及消极避世的情绪甚至心理疾病，极端的会失去生命。在人类摆脱自然压迫和疾病造成的痛苦后，由社会压迫产生的精神问题成为人类的头号敌人，人类如果不能缓解压力、摆脱痛苦、解脱烦恼，个人的幸福就无法保障。心理问题和精神疾病是信息智能化、经济全球化进程中人类面临的最大问题，也间接导致人的生理问题和一系列社会问题。

　　二是自然因素引起的痛苦，这主要是由于自然灾害，个人在活动中受到伤害而产生痛苦，这一类痛苦在自然未得到科学认识前比较严重，人类在自然的活动中遭受失败较多，受到的伤害也较大。人类认识了自然规律后，人们按照规律活动，受到的伤害就少。由于人类对自然认识是无止境的，自然因素总会给人类带来一定痛苦。但由于人类不按照科学规律生产和发展，自然灾害和环境污染增多，又会给人类造成额外的痛苦。

三是个人因素导致的痛苦，其中包括两类。一类是个人原因造成的痛苦，由于个人在活动中未遵循规律，受到伤害或产生不良的心理感受，所以，个人要及时总结经验教训，提高个人技能。第二类是他人或社会原因造成个人的伤害，个人要积极面对现实，采取不同的应对措施，按照受伤害的程度采用合适的方式维护个人权益。上述两类因素中，个人因素占比较多，外部因素较少，如果减少个人因素，会大幅减少烦恼和痛苦。

痛苦是人类发展中不可避免的，是人类付出的看不见的成本，人们在痛苦中反省，从痛苦中觉醒，通过革命改变生产生活方式，使社会秩序更符合理性。随着社会压迫的减少，人类的痛苦会随着社会的发展而减少。个人从出生时的无知成长到心理健康，是必须经历失败和挫折的，这是人成长的普遍规律。社会发展更多是减少自然和社会的外部因素对个人的影响，个人如果不遵循道德和科学，不提高各种技能，不按照规律活动，那么烦恼、痛苦将长期相伴。

4. 自然成本

包括使用的自然资源、生态破坏、物种灭绝等。自然界的存在物有空气、水、动物、植物、矿物、石油天然气、土地、海洋、河流、湖泊、山脉等。人类在发展过程中需要物质资料，物质资料的原材料全部来自大自然，其中一部分资源是可以再生的，在发展过程中消耗的树木、水资源、粮食等，通过人工的办法可以再生，但有部分是不能再生的，如各种矿藏、石油天然气等一次性资源，其总量是一定的，消耗一些就会少一些。人类发展至今，消耗的所有自然资源都是自然成本，人类在利用自然实践的同时，由于未遵守生态规律造成生态失衡，引起部分物种灭绝。工业社会的到来导致全球气候变暖，导致自然灾害增加。人类在生产生活中不注意环境保护，产生大量的垃圾、污水、废液、废气等未得到科学处理，随意填埋或排放，造成土地、河流、海洋的污染，这些都是自然成本。所有人类不科学的实践必然对气候和环境造成破坏，最终还要由人类承担后果。

5. 物质财富成本

物质财富成本主要是人类在自然灾害和各种斗争中毁灭、毁坏的物质文化，是在战争、动乱、自然灾害、事故中毁坏或消耗的物质财富，是人类的劳动成果。比如，在战争中消耗和毁坏的各种建筑物、武器装备、交通工具、道路、桥梁、港口等设备设施和物资工具。物质文化是人类劳动的成果，毁坏的都是人类发展的成本。

人类发展到现在，所有的成本都成了沉没成本，人类只有一次发展机会，是不是获得现有的文化一定要耗费这么昂贵的成本已无从得知，但应引起人类警醒的是，以后怎样发展才能减少发展成本，怎样做到主动科学地发展，以尽可能小的成本获得和普及更多优秀文化，这是摆在人类面前的难题。

三、被动发展增加人类发展的成本

人类发展可分为主动发展和被动发展，主动发展是认识到人类发展的意义和目的，符合人类精神的发展；被动发展是没有认识到人类发展的意义和方向，发展不遵循科学规律，违背人类精神。各个群体有各自的文化，有自己的发展方式和目标，但对于整个世界来说，没有一个明确的方向，各个群体按照各自的文化性格发展，没有也无法将世界作为一个整体来统筹发展。在私有制国家主导的世界秩序下，各个群体为各自的利益斗争，私有制社会维护的是少数人的幸福，和人类精神相悖，人类整体是被动发展。被动发展违背了人类精神，增加了人类内部斗争，加大了内部消耗，而这种消耗随着经济全球化的深入，发展成本越来越高，工业化导致的全球气候环境恶化，已严重影响了人类的生存环境，如果不能合作应对，会对人类造成不可估量的损失。

被动发展导致群体间竞争加剧，增加了战争的可能性。国家是各个群体利益的代名词，每个国家都要谋求安全和发展利益，由于政治、经济、领土、环境、安全、军事、文化、历史等原因，国家之间存在各种矛盾，各个国家之间的斗争是普遍的、连续的和长期的，特别是资本主义国家，国家利益代表了资产阶级利益，最大的特点是唯利是图，是为了少数人的利益。由于矛盾的普遍性，资本主义国家不仅与社会主义国家对立，与其他资本主义国家也对立，国家在争夺利益的过程中，会采取各种手段，其中，军事手段最重要。对抗直接导致军备竞赛，造成国家关系和世界局势紧张，增加了战争的可能性。如果发生战争，毁灭性巨大，不仅会造成大量人员伤亡，也会造成大量物质文化的毁灭，引发交战各方人民的仇恨心理和精神痛苦，次生问题更多。

重复研发、扩充军备等加剧了地球资源的无谓消耗。某个群体为了先进的科学或军事技术，会组织大量人员、耗费大量资源进行研发，研发成功后垄断获得高额利润。其他群体为了安全和降低成本，也会加大力度研发，投入过多的资源研发同样的技术，会造成重复研发，对人类来说是一种浪费。国家之间的对抗引起军备竞赛，各个国家为了增强国防力量，大量生产军用装备和物资，多数在演习中使用，消耗了大量资源，增加了人类的发展成本。私有制的逐利性导致各方面的内耗都非常大。

各个群体竞争加剧了人的精神负担。各个群体因利益对抗，必然会加剧各种竞争，群体之间对抗的压力必然要传递给政府、企事业团体等。最终，所有竞争压力会传递到各个家庭和每个人身上。信息智能化时代，几乎没有人生活在网络之外，压力层层传递、层层加重，会对人的生活造成直接影响。企业竞争需要不断研发新产品、开拓新业务、完成超额订单等，就会增加企业人员的负担；文化冲突多、内外部矛盾多、社会问题多、发展缓慢等会增加公务人员的压力。整个社会随着竞争加剧，每个人都加大了精神压力，在长期的精神压力下，如果个人不能有效化解，就可能产生生理和心理问题，压力增加也会导致社会问题增多。竞争越激烈，压力越大，压力越大，产生的问题就越多，问题增多压力就更大，导致每个人的精神负担不断加重。

对抗发展加剧气候和环境恶化。国家之间的关系对抗大于合作，在关系全球的诸多问题上无法达成一致，导致气候和环境继续恶化。各个国家在工业化过程中不科学发展、不遵循自然规律、破坏生态环境，导致部分物种灭绝，气候和环境恶化引发全球性的自然灾害增多。各个国家已经意识到问题的严重性，但为了各自的利益互不信任，达成的全球气候和环境协议得不到全面执行，人类发展与大自然相互对立，地球生态系统继续遭到破坏，自然灾害增多，毁坏了人类的发展成果，影响了人类的生存环境，延缓了人类发展。

综上所述，被动发展增加人类发展成本，科学技术的迅速提高使得人类生产力空前强大，人类如果不能实现和平合作、主动发展，有效控制科技产生的力量为人类服务，就会转变为破坏人类生存环境的巨大力量，最终人类要自食其果。

第二节　实现人类的主动发展

第二次世界大战之后，各国致力于发展经济，科学技术突飞猛进，新技术、新材料、新工艺层出不穷，网络信息、人工智能、生态科技、生物科技、原子科技等快速发展，生产力迅速提高。马克思说："各种经济时代的区分，不在于生产什么，而在于怎样生产，用什么劳动资料生产。劳动资料不仅是人类劳动发展的测量器，而且是劳动借以进行的生产关系的指示器。"这既说明了生产工具作为生产力水平的客观尺度，也预示着生产关系的变革。世界逐步进入信息智能化时代，信息技术、人工智能、生物科技、原子科技等科学技术的发展，将世界联结为一个整体，逐渐达到万物互联。物质生产由原来的机电自动化生产逐渐转变为信息智能化生产，生产力发展到了一个新高度，生产工具有了质的飞跃，同时，人类社会的矛盾特别突出、关系特别复杂，斗争特别激烈。

■ 一、实现人类主动发展的必然性

人类主动发展的意义是为了全人类的幸福，实现人类精神是发展的主要方式。人类长期实践创造了优秀的精神文化和丰富的物质文化，为人类主动发展奠定了基础，实现人类主动发展是社会发展的必然。

马克思主义哲学揭示了人类主动发展的必然性。马克思主义哲学从理论上揭示了人类社会发展的必然规律，科学社会主义揭示了人类由私有制社会发展到公有制社会的必然，社会发展的最高阶段是共产主义社会，是个人自由全面发展的阶段，也是人类主动发展的阶段。在资本主义社会中，资产阶级占有生产资料，资本家为了各自利益组织生产，各个国家为了各自利益，在整个人类层面表现为被动发展。只有到了共产主义社会才能完全达到主动发展，生产资料公有制，全球的生产系统成为一个整体，生产的目的不是为了某个群体的利益，完全是为了满足人民的需求，可以做到计划生产和消费，资源按照计划科学合理使用，劳动平等交换实现人的平等。历史唯物主义揭示了人类实现主动发展的合理性和必然性，是人类发展的方向。

主动发展是人类长期发展的必然趋势。猿人向人类进化就是被动适应自然环境，进化出人类后，由于对自然界认识程度低，受到自然压迫，也只能被动发展。经历了漫长的时代，经过长期探索，积累了一定的自然知识和社会知识，人类才能在一定范围内主动发展。随着自然科学的逐步发展，人类逐渐科学地认识了自然规律和社会发展规律，社会生产不再盲目，在科学技术的指导下实现了一定范围内的主动发展，道德法律保证人们在一定的秩序下实践，现在所有的生产生活都是在各个群体的主导下主动发展的。主动发展是人类实践的结果，在文化的作用下，人类群体的生产由一开始被动适应环境，经历了部落民族的主动发展，走到了以国家或联盟为主体的主动发展，说明整个社会主动发展的趋势、范围越来越大。随着经济全球化持续深入，人类被动发展的方式已经不能适应生产力的继续提高，人类主动发展的要求越来越迫切，从历史发展趋势看，全人类主动发展是社会长期发展的必然结果。

信息智能化为人类主动发展提供了条件。人类逐步进入信息智能化时代，生产和生活实现信息化，群体和个人的需求转变为信息，社会管理系统能及时统计、分析群体和个人的消费需求及全球生产情况，并根据供需信息合理组织生产，可以使生产生活资料按计划生产和消费，实现产品经济。人类经过长期发展，创造的物质财富和精神文化为实现全人类的主动发展提供了条件，信息智能化使主动发展成为可能。

二、人类主动发展的基本特征

第一，主动发展的方式是实现人类精神，目的是全人类的幸福。人类发展存在三条主线，第一条主线是生产力的发展，第二条主线是文化的发展，第三条主线是人的解放，实现人类的自由、平等和幸福。生产力发展是最根本的因素，生产力实践推动文化的发展，在文化发展的过程中逐渐对人自身进行解放，最终推动全人类的解放。人类实践的最终结果是实现人类自身的幸福，也是人类主动发展的结果。

人类精神是人类文化的浓缩,是人类共同的道德准则,是人类走向和平、幸福的强大精神保障和意志支撑,主动发展的方式是实现人类精神。主动发展要以正义和平、平等博爱、科学发展为原则,各个群体要依照人类精神制定法律道德,抛弃违背人类精神的法律道德,国际法要以人类精神为宗旨,约束各个群体。实现人类精神不是哪一个民族、哪一个国家、哪一个阶级能独自完成的,必须依靠全人类,依靠每个人。因此,每个人都要认识到实现人类精神的重要性、必要性和紧迫性,认识到这场革命关乎人类的前途和命运,自发地参与革命,自觉地加入实现人类美好社会的斗争。

第二,主动发展将对抗发展转变为合作发展。资本主义国家发展是为了各自利益,发展中对抗大于合作,每个国家都想获取最大利益,国家间的冲突就不可避免,随着生产方式的转变,人类发展需要合作而不是对抗。在全球气候、环境、安全、卫生防疫等重大问题上,对抗只能加剧矛盾,破坏共同发展。主动发展的主要方式是和平合作,和平就是要消灭战争,实现人类正义,合作就是消除分歧达成共识、求同存异,共同的利益是为了全人类。各群体要遵循尊重、沟通、合作、发展的理念,人类在发展过程中,由于客观原因造就不同的文明群体,各种文明应平等相待,相互尊重,在传播各自文化时尊重对方的文化,是合作发展的前提。沟通交流是各种文明在发展中的重要方式,沟通交流的目的是合作发展。

第三,优秀文化的传播方式从被动转变为主动。人类的发展过程也是文化产生和发展的过程,文化的发展是优秀文化取代落后文化的过程。文化掌握在一定群体手中,在人类的发展历程中,由于地理位置、自然资源不同,各个群体发展不平衡是必然的，群体之间的斗争可以理解为两种文化之间的斗争。文化的传播方式有主动和被动之分，主动方式是指落后文化群体主动与优秀文化群体沟通、交流、学习，落后群体获得优秀文化从而提高了生产力。被动方式是优秀文化垄断或其他群体发展出同样的文化，或先进文化群体利用优秀文化侵略、剥削落后文化群体。人类主动发展后消灭了战争，人类各个群体是平等的，各个群体产生的优秀文化都是为了全人类，优秀文化相互传播、相互交流是主动发展的一个重要特征，世界上所有的优秀文化都呈现在各个群体面前，人们都可以平等地使用优秀文化。

三、实现人类主动发展的途径

人类已发展到足够的高度，对自然、人类本身和社会基本有了科学的认识，信息智能化时代的到来，使人类具备主动发展的条件，人类将从被动发展转向主动发展。主要有以下途径。

1. 履行地球公民的义务，保护地球环境

地球上的每个人都有两个身份。一个是本国的公民，履行本国公民的义务，这种义务由国家负责监督执行，不断得到强化。另一个是地球公民，作为地球公民，就应承担保护地球环境的义务，由于国家的利益，这个身份一直被弱化。工业化以来，各个群体的社会生产都会对全球气候和环境造成不利影响，直接影响每个人的生活，人们一直强调国家公民的义务，甚至不知道个人还是地球公民，没有履行相应的义务。作为地球公民，每个人都有义务保护人类的生存环境，这与人的国籍、身份、地位、财富无关，只要在地球上生活，

每个人都有权利对任何破坏环境的行为进行批评和抗议，不论破坏者是何人。每个人都应承担相应的环保义务，只有每个人行动起来，才能保护好人类生存发展的环境。各群体之间应开展合作保护环境，也应履行相应的义务，遵循全球达成的环境和气候协定，任何破坏协定的行为都应受到抵制和惩罚，任何不执行协定的人员及群体都应受到谴责，只有每个人都关心地球环境，人类的生存环境才能越来越好。

2. 去物质化，让人们相互关爱

资本主义社会是物的依赖型社会，导致人们对物欲过分追求，时刻关注个人的财产、名誉和地位。物质利益是个人考虑的重点，人与人的关系多是金钱与利用的关系，在过度关注物质利益的同时，人们的精神生活也被物质化了，许多人被物质财富奴役，为获得利益践踏道德、违反法律，完全不顾及爱情亲情友情。在物质化的社会中，爱成了稀缺品，这是资本主义的本质决定的。公有制社会中大部分的财富集中于社会，社会大力发展共享经济和共享资源，根据每个人的需要合理分配资源，逐步利用公共资源满足人民的需求，既能保证个人的需求及时得到满足，个人又不必拥有各种物质产品，让个人从对物质利益的追求转变到个人精神追求上。去物质化后，人们才能真正地相互关爱、相互帮助、实现博爱，真正形成四海之内皆兄弟的大家庭。

3. 去差异化，让人类和平合作

地理位置和国家造成横的分割，而信仰、语言、种族、意识形态等文化又造成竖的分割。人类被划分成各种群体，每种群体都被赋予不同的含义，有不同就有差异，有差异就存在矛盾，群体划分得越多，矛盾也就越多，矛盾多斗争就越多，世界就越复杂。人类由于生理无法消除的差异是种族和性别，但由于文化差异产生的差别就多了，语言、信仰、社会形态、民族文化等，细分还有各个行业、各种角色，把人赋予文化和关系以后，人的种类增多了，产生了许多矛盾，也为世界增加了更多的不确定。文化上的不统一，特别是信仰上的不同，使得人类被分割为不同的阵营，导致矛盾无法解决，这也是国际社会针对全球问题无法达成一致的主要原因。文化多样性本是人类实践活动的成果，是各种文明智慧的结晶，但现在文化的多样性却阻碍了人类进一步发展，解决这个难题的方法，就是文化去差异化。

去什么样的文化？就是要去除落后文化，弘扬优秀文化，人类需要对优秀文化达成共识。什么是优秀文化？只有经过实践证明为科学的文化，利于人类主动发展的文化，能够实现人类精神的文化才是优秀文化。以这个原则去衡量，去除落后文化，使人类的文化差异性降到最低，只有达到文化上的统一，人类才能全面实现和平与合作。

4. 劳动平等交换，实现人的基本权利平等

《世界人权宣言》中多次提到平等是人的基本权利，比如法律面前人人平等、政治权利平等、就业机会平等、教育平等，但是所有平等的基础是劳动能够平等交换，否则平等的权利就不能最大限度地实现。由于社会分工是必需的，衡量劳动价值的是社会必要劳动时间，让产品的价值回到社会必要劳动时间这个本质的因素上，时间对每个人都是公平的，只有这样才能消灭任何形式的剥削和压迫，确保人们各种权利的平等。私有制是造成人类不平等的根源，《资本论》揭

示了资产阶级剥削的方式是剥夺剩余价值，劳动者的一部分劳动价值被资产阶级剥削，劳动交换不平等、个人财富悬殊必然造成其他权利的不平等，只有消灭资本主义，才能实现本质上的平等。在主动发展阶段，任何人的劳动都值得被尊重，任何形式的劳动都能得到平等交换，这是人类平等相处的基础。

5. 科学发展，最大限度地合理利用资源

人类发展离不开各种资源，科学合理地开发和利用资源是主动发展的重要标志。资本主义国家为各自的利益发展，不考虑全球资源合理利用，对抗和无序竞争加剧了地球资源的消耗，各个群体生产的财富用于战争和对抗，增大了资源的无谓消耗，并破坏了人类和平的环境，增加了人们的负担。资本主义国家消失后，人类团结合作，合理利用各种资源，各个群体分工协作，避免重复研发，新科技人类共享，人类实现科学可持续发展。

主动发展是人类追求的发展方式，是实现人类幸福的保障。由于主动发展需要全人类合作，而资本主义国家主导的世界关系中对抗大于合作，所以，资本主义是人类主动发展的最大障碍。

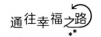

第十二章　实现人类普遍幸福

历史唯物主义揭示了人类社会的发展方向，在人类实践的作用下，生产力不断发展，人类社会从原始公有制社会进入私有制社会，信息智能化时代到来，人类在追求平等的过程中，将由私有制过渡到共产主义公有制社会，最终实现人类的普遍幸福，这体现了事物辩证发展的规律。资本主义社会是私有制的最后一个阶段，也是私有制最完善的一个阶段，只有当这种生产关系下可以容纳的生产力被完全释放出来，才会退出历史舞台。

第一节　私有制国家对人类发展的作用及制约

▎一、私有制国家对人类发展的作用

原始社会生产力低下，人们的劳动所得仅能满足生存必需，食物只能平均分配。随着生产力发展，剩余产品出现后，人类进入私有制社会，奴隶社会、封建社会、资本主义社会是私有制社会的三个阶段，在人类发展史上持续了五千年左右。私有制社会是人类发展必须经历的，是人类创造丰富的物质财富和精神文化的过程，对人类的贡献体现在三个方面。

1.私有制国家创造了丰富的物质文明

世界上现存的物质文明大部分是私有制国家创造的，原始社会生产力极其低下，创造出的物质文明比较少，保留到现代的更少。现存的物质文明绝大部分是私有制社会创造的，

特别是世界历史文化遗产，是人类认识和改造自然与社会的成果，是人类进步的重要见证。物质文明是人类赖以生存、生活和发展的基础，是全人类劳动的结晶，代表人类的发展高度。特别资本主义社会是商品经济的社会，科学的发展促进了生产力的大幅度提高，社会化的大生产为人类创造了大量的物质财富，为人们获得幸福提供了物质基础，为人类向公有制过渡创造了条件。私有制国家虽然存在剥削和压迫，但这是人类自我否定、自我发展必经的过程，是社会发展的必经阶段。

2. 私有制社会创造了巨大的精神财富，推动了人类解放

人类发展的过程是意识积累的过程，是文化发展的过程，人类实践推动文化发展，从而孕育出各种文明，从奴隶社会到资本主义社会，人类积累了大量宝贵的历史文化，产生了巨大的精神财富。人类在生产实践中创造了文化，随着文化的积累，人类不断发展，私有制国家产生了自然科学、社会科学、思维科学、宗教哲学、道德法律、艺术等优秀文化，将文化的创新推向新高度，文化普及促进了人自身的解放。资本主义社会产生了马克思主义哲学的真理体系，为人类的发展指明了方向，为人类向更高层次发展奠定了理论基础。

3. 资本主义社会培养了新人类

文化的产生和普及使人类不断强大，人类逐渐认识自然和改造自然，摆脱了自然压迫，人类在社会斗争中逐渐认识社会，认清了社会的本质及发展规律。在文化的推动下，人类对自身的基本权利逐步形成了清晰的认识，人类自身不断得到解放，资产阶级革命提出了"自由、平等、博爱"的口号，虽然没有实现，但这些理念已经植根于人们心中。随着物质

文化的日益丰富，人们的物质需求满足后，必然追求精神生活，物质条件越丰富，人类追求平等幸福的愿望就越强烈。资本主义社会培养了有组织、有纪律的工人阶级，更重要的是培养了敢于追求自由、平等和幸福的新人类，他们自主确定人生方向，按照个人意愿主动生活；敢于挑战社会上不合理的事物，更加注重个人的平等权利，敢于争取个人的正当权利；他们敢于支持公平正义，为社会的平等而斗争，为人类美好的生活而斗争，资本主义社会为人类进入公有制社会造就了革命力量。

二、资本主义社会对人类发展的制约性

信息智能化促进了全球经济一体化，各个群体追求平等合作、反对压迫的呼声越来越高，对抗大于合作的世界秩序已经不能适应人类发展，严重制约了生产力的进一步发展。而且，随着科技的进步，这种制约变得越来越严重。

1. 全人类发展与资本主义国家利益无法调和

各个国家由于内外部条件不同，必然会发展不平衡，是长期的历史现象，以生产力为衡量标准，可分为发达国家、发展中国家和最不发达国家，每个国家都处在不同的工业信息化时期。人类已认识到工业活动对气候和环境产生的恶劣影响，这些影响会造成自然灾害，破坏人类创造的财富，而这种破坏影响了全球每个群体。解决这个问题需要世界各个国家共同制定适合人类发展的气候及环境协议并自觉遵守。资本主义国家代表的是资产阶级的利益，追求最大利益而不会全面考虑对环境的影响，为了各自利益在全球协议的达成中设置障碍，协议生效后又不能全面执行，导致气候继续恶

化,增大了自然灾害对人类社会的破坏。资本主义国家的对抗,增加了人类卫生防疫成本,随着人类交通交流更加便捷快速,传染病也会在全球范围内传播,如果各个国家不合作,则消灭传染病会更加困难,从而延缓人类发展。

2.各个国家之间利益无法调和,战争的可能性加大

各个国家由于政治、经济、文化、历史等原因,存在许多矛盾,有矛盾就存在斗争,而斗争超过一定限度就会引发战争。发达的资本主义国家长期利用政治、军事、技术、经济等方面的优势,侵略、殖民、剥削其他国家,从这些国家攫取财富。发达资本主义国家对财富掠夺的手段也在不断发生变化,最初是赤裸裸的军事侵略,建立殖民地。第二次世界大战后各民族解放,许多国家科技落后,工业发展严重依赖发达国家,发达国家通过技术垄断剥削这些国家的财富,利用强大的金融体系,对部分国家发动货币战争,洗劫他们的财富。随着社会的发展,发达国家会变换方式掠夺其他国家的财富,帝国主义的本质不会发生变化,这样就必然形成发达国家之间为争夺利益相互对抗,发展中国家反抗发达国家的压迫。压迫与反抗、剥削与反剥削的斗争没有停止过,矛盾激化时就会发生战争,资本主义国家为了本国利益,还会制造与其他国家的战争,只要资本主义国家存在,战争就存在可能。国家的对抗导致各国军费居高不下,不但增加人民负担,还过度消耗地球有限资源。

3.资本主义贫富悬殊,使人人平等成为一句空话

随着社会的不断发展,人类对自身的认识也在不断提高,人自身也不断得到解放,人类追求自由平等的脚步从未停止,自然法赋予人类基本权利的斗争一刻也没有停止。资本主义

社会中，生产资料集中在资本家手中，信息智能化则导致贫富更加悬殊，必然会引起人类权利的不平等，"人人生而平等"成了一句口号，财产的继承权又造成下一代的不平等，加剧了不平等的积累。资本主义社会中人的本质是不平等的，个人在政治、经济、文化等方面的权利都受到影响，本质上的不平等又导致个人权利的不平等，引起的诸多社会问题综合起来，影响了社会的发展。

4.无序竞争增加精神压力，使个人的痛苦无法摆脱

资本主义社会是商品社会，是物的依赖性社会，个人必须拥有足够的物质财富才能有尊严地生活，导致人们对财富的渴望和追逐。人一出生就要面对竞争，信息化则使这场竞争赤裸裸地展现在每个人面前，逼迫个人参加竞争，为自己创造财富，没有财富就不能组建家庭、养育后代、赡养老人，每个人都可能成为社会中的被压迫者。在整个社会的过度竞争面前，每个人都是弱者，个人同意竞争也好，不同意竞争也罢，都必须参与这场没有终点、没有输赢的竞赛，直到无力拼搏。资本主义国家对抗导致竞争加剧，给每个人增加了额外的精神压力，愈发展人类就愈痛苦，离幸福也就愈远，这是资本主义制度无法解决的。对抗竞争给每个人造成的精神压力无法摆脱，资本主义国家是造成人类痛苦的根源。

资本主义社会后期，由于信息智能化、贫富悬殊、阶层固化、无序竞争、失业等矛盾，使得人的心理问题、社会问题增多，对物欲过度追求、精神颓废、道德丧失、精神痛苦是资本主义社会无法解决的顽疾。长期的精神压力伤害着人类，当多数人认为个人奋斗改变不了现状的时候，社会就会停止发展；当个人感觉不到快乐的时候，生活就毫无意义；

当个人看不到希望的时候，生命就成了负担……当人们认识到产生这一切的根源时，就会奋起反抗。

综上所述，在资本主义国家主导的世界秩序下，社会的内外部矛盾无法解决，资本主义已成为人类进一步发展的障碍。

第二节　资本主义是人类压迫的总根源

在私有制社会中，人一出生就面临自然和社会双重压迫，无法避免，由于压迫的持续存在，人们就要承受长期、无法摆脱的痛苦。私有制造成不平等，而不平等是产生人类压迫的根源，理解人类压迫及产生的根源，对促进人类解放有重大意义。

一、自然压迫

自然压迫是人类在实践中受到自然灾害或未遵循自然规律受到伤害或失败。自然压迫主要有三方面，第一方面是自然灾害对人类产生的压迫。暴风、暴雨、暴雪、雷击、洪涝、干旱、蝗灾、地震、海啸等灾害对人类影响较大，每种灾害都会对人类产生破坏和伤害。现代人类科技的发展能提前预测一些自然灾害的发生，在灾害来临前采取相应的防护措施，可减少灾害对人类的伤害。第二方面是人类实践中未认识到自然规律、物质资料生产规律等规律，导致在实践中失败或受到伤害。当人类还没有认识到相应的自然规律和物质资料的生产规律而活动时会受到伤害，这种压迫随着人类认识自然和改造自然的深入，始终存在。人类长期发展积累了大量的科学规律，大部分物质资料的生产规律已经被人类掌握，虽然还存在自然压迫，但是对于普通人的生活来说，人类掌握的科学规律已经能让人类摆脱绝大部分的自然压迫。另一种情况是由于群体或个人在实践活动中没有遵循已经发现的规律，活动失败或受到伤害，如社会实践中的各类事故、环境污染对人类的伤害等都是自然压迫的体现。如果严格按照人类已发现的规律开展活动，这部分损失和伤害是可以避免的。第三方面是疾病对人的伤害。个人的身体是自然的一部分，疾病属于自然压迫，但社会压迫也可以导致疾病，是人类对生理认识不正确或违背生理规律导致的。人类可能产生的疾病种类非常多，认识并治疗疾病需要人类长期探索，在认识和治疗某种疾病前，遭受这种疾病的伤害是无法避免的。随着人类对生理系统和各种疾病的认识不断深入，许多疾病都可以预防和治疗，疾病对人类的影响也在逐步减轻。对人类威胁最大的是各种传染病，其影响范围大、患病和死亡人员多，随着人类交流日益频繁，如果不能共同合作、科学应对传染病，会导致大量人员伤亡和财产损失，延缓人类发展。

自然压迫比较简单，对于个人，没有掌握一定的科学和技术技能，在活动中就会受到伤害。比如，在暴风雪中冻伤、被火烧伤、被雷击伤；工作中未遵守规章制度，会发生事故；认识不到疾病形成的原理，生活方式不科学，会受到疾病的困扰等。自然压迫可以通过学习实践掌握一定的知识和技能，从而避免伤害。对社会来说，需要修建一定的基础设施，提前预报灾害，建立应急保障制度等。在进行物质资料生产和防治疾病的过程中要遵循科学规律，科技的发展已使人类可以摆脱大部分自然压迫。由于人类对自然及物质资料生产认识的无限性，自然压迫伴随人类长期存在，但自然压迫对人类的影响已经变得较小。

▌二、社会压迫

社会压迫比较复杂，种类较多，主要包括以下三部分。

1. 社会意识、社会制度、宗教、风俗习惯等社会规律引起的社会压迫

一方面指个人没有正确认识人与社会的本质及规律，在社会活动和处理各种关系时，未按照规律实践，就会失败并受到伤害。社会和人是有规律地存在的，个人在社会活动中必须遵守相应的规律，社会中的道德法律、公序良俗就是最大的规律。同时还要遵守各种宗教文化、民族文化、地方文化等，如果个人没有认识到，在活动中就会受到伤害。比如，个人未遵守道德法律，伤害了他人，个人就可能受到他人的伤害或社会的惩罚；在与其他民族的交往中，不遵守其他民族的风俗禁忌，就可能受到伤害。人类经过漫长的发展，已经认识到人及社会的本质与规律，形成了社会科学、哲学宗教、道德法律等，如果个人理解并掌握了相关的知识技能，就能消除这一类社会压迫。另一方面是违背人类精神的社会制度、精神信仰、风俗习惯等对人造成的压迫。社会上存在违背人类精神的社会制度、意识形态、风俗习惯等，违背人的本性，会对人的生理和心理造成伤害，但人又无法摆脱。社会发展是一个缓慢的过程，必然会从不科学到科学，从不合理到合理，从违背人类精神到人类获得幸福。在此过程中，人类必然会承受由此造成的社会压迫，从而产生痛苦。部分人能够意识到应该去反抗和斗争，还有部分人意识不到，在压迫下顺从、承受。人类要完全摆脱这类压迫，只有实现共产主义。

2. 社会斗争的普遍性带来的压迫

人在社会实践中要面对各种社会矛盾和社会关系，经历各种社会斗争，必然要长期承受社会斗争的压力，主要包括四种情况。

第一种情况是工作压迫。在私有制社会中，大部分人需要通过劳动养活自己、组建家庭、养育儿女、赡养老人等，不劳动就无法有尊严地生活。个人必须通过工作获得收入。在全社会的竞争中，个人要处理工作中的各种关系，要承担长期的竞争压力和人际关系压力，这种压迫大部分人都能体会到。在资本主义社会以及社会主义初级阶段，大部分人都要靠自己的劳动生存，只有社会财富积累得相当丰富，人类才能逐渐从物质资料生产中解脱出来。资本主义国家使这种竞争激烈化，信息化使每个人参与全世界的生产竞争，让人们长期承受无序竞争的精神压力，对物欲和有限优质资源的追逐给人们造成精神上的痛苦，导致人与人之间关系紧张，如果人们不能克制心中不合理的欲望，就很难从这种状态中挣脱出来。无论什么人都会受生产关系的奴役，富人被资本所奴役，普通人通过个人的劳动获取生活资料，难以摆脱资本主义生产关系带来的压迫。

第二种情况是社会斗争压迫。在私有制社会中，内外部的对抗导致斗争加剧，个人需要承受在战争、殖民统治、恐怖活动、竞争、事故灾难等社会斗争中的死亡、伤害或痛苦。这种压迫可能不是每个人都经历，在战争、事故、灾难等异常情况下，当事人可能遭受死亡或痛苦，这也是无法避免的，战争带给人类的痛苦更多也更加强烈。私有制社会中，人们为获得较大利益，在产品的生产制造、运输销售等环节，不遵循科学规律，违背道德法律，导致产品对人产生伤害。由于资本主义国家的对抗，社会竞争激烈，信息化使国家、企业等群体之间的对抗直接作用到每个人身上。

第三种情况是社会关系压迫。个人在除工作外的社会活动中，在处理人与人、人与社会的各种关系时，由于社会或他人的因素，个人受到伤害、产生痛苦。主要是在家庭婚姻、朋友交往、学习阶段、团体活动中，或与政府、其他组织、个人交往等活动中，社会不公平、不公正，他人或组织违背法律道德及公序良俗，或政府腐败、有法不依、滥用法律等外部因素导致个人受到伤害，也是客观存在的。在资本主义社会中，对于大部分人来说社会是不平等的，因此，在正常的社会活动中受到此类伤害也是无法避免的。

第四种情况是群体压迫。在私有制社会中，群体不同造成的压迫，如优秀文化群体对落后文化群体的压迫，强势群体对弱势群体的压迫，富人对穷人的压迫，本质上都是私有制的延伸。由于种族、文化、行业、性别、身体机能等方面的差别产生的不平等，主要表现为种族歧视、文化歧视、性别歧视、残疾人歧视、贫困歧视、年龄歧视、行业歧视等。总之，人生活在社会中，必然会隶属于不同群体，这种伤害对许多人来说也是无法避免的。

3. 资本主义生产关系中，资产阶级对工人阶级的剥削和压迫

第一种压迫是在资本主义社会中，个人需要工作谋生，个人劳动的一部分价值必然会被资产阶级剥削，是无法避免

的。《资本论》揭示了资产阶级剥削的方式是无偿占有剩余价值，只要为资本家打工，被剥削是必然的，也是个人无法改变的。第二种压迫是个人劳动的一部分价值会被社会额外征税，供养庞大的国家机器，维护资本主义的国家制度。国家征税是为了保证国家机器的正常运转，也是为了统治阶级的利益，虽然国家保护个人的合法财产，但是普通人的财产无法和资本家的财产相提并论。更重要的是，保护私有制制度的正常运行，保持剥削的长期存在。第三种压迫是由于帝国主义的存在，全世界人民要受到整个国际垄断资本的剥削。

三、资本主义是人类压迫的总根源

1.资本主义国家是产生社会压迫的根源

从社会压迫的来源分析，资本主义制度是造成国家内部社会压迫的根源，资本主义是商品经济，必然导致全民对物质的追逐，导致整个社会的无序竞争。私有制的不平等造成剥削和压迫，导致各种社会斗争，这是产生各种社会压迫的根源，信息化则把竞争压力传递到每个人身上。

从全球范围看，资本主义国家是造成国家外部压迫的根源，发达的资本主义国家利用政治、经济、军事、科技、文化等方面的优势，对其他不发达国家进行侵略、殖民、垄断、封锁、制裁、打压等，掠夺其他国家的财富，造成部分国家出现战争或存在恐怖活动，大量财富被毁灭，经济倒退，社会秩序遭到破坏，人民流离失所，这些社会问题的根源都在于资本主义国家的私利性。资本主义社会对抗的关系增大了人民的生活压力。

资本主义国家贫富悬殊，特别是广大发展中国家和最不发达国家，许多人无法接受良好的教育，无法认识到自然和社会的规律，必然受到自然压迫和社会压迫。资本主义国家发动的各类战争，使饱受战乱之苦和贫穷的人没有条件接受教育，只能勉强生存，长期忍受各种压迫之苦。

2.资本主义国家是导致自然压迫的主要原因

从自然压迫来看，人类已基本掌握了与其相关活动的科学规律。按照实践规律，人类基本不会受到伤害，但是随着人类工业信息化的深入，由于未遵守相应的自然和社会规律，对地球气候和环境产生了破坏，且有进一步加剧的可能。为此，人类应携手共同应对气候和环境问题。但是，资本主义国家为了各自的利益，在气候、环境等全球性问题上对抗大于合作，导致气候、环境等问题继续恶化，由此产生的自然灾害会对全人类造成新的自然压迫。另一方面，发达的资本主义国家利用经济、军事、科技等手段，对其他国家进行剥削、制裁、打压、不平等交换等，导致部分国家发展缓慢、基础设施薄弱、物资匮乏、无法防御自然灾害，人们饱受自然压迫之苦。

以上分析说明，全人类的社会压迫和自然压迫都与资本主义国家有关，资本主义是造成人类压迫的总根源，是人类承受过度的、长期的精神痛苦的根本原因，是人们追求幸福的最大障碍，其严重影响了生产力中最重要的因素——劳动者的发展，已经成为生产力进一步发展的桎梏。

第三节　实现人类的普遍幸福

▌ 一、战争的作用及成本

马克思主义哲学认为，战争是为了一定政治和经济的目的而进行的武装斗争，是阶级和阶级、民族和民族、国家和国家、政治集团和政治集团之间斗争的最高形式。战争的作用体现在三个方面。一是为了争夺政权和巩固政权。国内战争主要有各个统治集团之间的战争、统治阶级内部的战争、统治阶级与被统治阶级的战争，目的都是为了争夺国家政权。二是为了争夺利益、获得资源。国家之间的战争及世界大战，是私有制国家侵略掠夺的本质体现，私有制国家的对外职能就是剥削和奴役其他民族，掠夺他国资源，获取巨额利益，为本国的统治阶级服务。三是推动社会发展和促进优秀文化的传播，这是战争的积极作用。被统治阶级与统治阶级之间的战争，是生产力进步的表现，是为了推翻腐朽的统治阶级，推动社会进步。战争的过程也是优秀文化被动传播的过程，战争促进了科学技术的发展及传播，比如先进的武器装备、战术思想等，特别是两次世界大战，许多技术和武器的发明是在战争时期，这些技术转为民用后，极大地促进了生产力的发展。

战争的成本主要表现在三个方面。一是给人类带来了巨大伤亡。两次世界大战都造成大量的人员死亡，无论对社会，还是对于伤亡的人本身及其家庭，影响都十分巨大。随着大规模杀伤性武器的出现，战争中的伤亡人数将会迅速上升，死亡给社会带来的损失无法估量，伤残带给人的痛苦无法衡量，这是人类发展最大的成本。二是给人们带来了巨大的精神痛苦，给被侵略被压迫的民族带来了仇恨，不利于人类的发展。战争造成大量人员伤亡，给民众带来了巨大的灾难和痛苦，战争中的死亡、伤残给人们造成精神痛苦，给人的心灵留下创伤，持续时间长，且这些痛苦给社会造成的损失无法统计。战争增加了双方民族的仇恨心理，增加了两国关系的不稳定因素，战争导致的民族仇恨长期不能消除，不利于双方的发展。三是带来了巨大的财富损失，造成物质财富的毁灭。战争消耗交战各方的财富，必然会造成巨大的财富损失，战争规模越大、时间越长，财富损失就越大，战争使人民的生活质量下降。战争不仅毁灭物质文明，也毁灭了精神文明，大量的文物古迹、档案文献等文化在战争中被毁灭，对人类造成的损失无法估量。现代战争对环境也产生了严重破坏，化学武器、生物武器、核武器，哪怕是普通武器装备，都会对地面植被、大气环境、海洋环境产生破坏，战争中许多地雷、炸弹没有被及时清除，给人民的生命带来了严重威胁。

二、消灭战争是历史发展的必然

马克思主义哲学揭示了战争消灭的必然性。历史唯物主义揭示人类社会从私有制过渡到公有制社会的必然性，过渡的基础是人类创造了充足的物质财富和精神财富。第二次世界大战后，人类如果再爆发大规模的战争，将会造成人类财富的巨大毁灭，人类社会就不可能进入公有制社会。现代武器发生了质的变化，核武器能够毁灭人类及人类创造的文明与财富。爱因斯坦说："第三次世界大战不知道会用什么武器，但我知道，第四次用的武器肯定是木棍和石头。"发动这样的战争已经毫无意义，人类大规模的战争不会出现，否则人类就会陷入发展、毁灭、再发展、再毁灭的怪圈，这违背了辩证法的基本原理，违背了社会发展的必然规律。

国内战争的可能性在大幅度降低。由于现代战争毁灭性大，消耗本国大量财富，破坏本国人民的生活，发生的可能性在大幅度降低。私有制社会中，朝代更迭、社会形态改变都是通过战争实现的，但从资本主义国家转变为社会主义国家，性质有根本不同，私有制国家的更迭或改变，统治阶级是由一个利益集团变为另一个利益集团，他们统治剥削的本质没有变化，必须依靠战争打破现有的利益集团，建立新的利益集团，没有战争就不可能实现。但私有制向公有制社会过渡，是要消灭剥削阶级，斗争的目的是废除国家的私有制度，不再出现新的利益集团，一切为了全体人民。世界上的国家多数处于资本主义社会，存在阶级斗争。理论上讲，革命可能发生战争，但武器发展已经现代化，而且技术先进，普通民众无法发动战争。由于武器装备的极端悬殊，战争的结局在开始时已经注定，因此，阶级斗争的方式转变为非暴力的斗争。

国家之间战争的可能性大幅度降低。资本主义国家发动战争的目的，表面上可能是政治、经济、军事、文化、安全等因素，但归根结底是为经济服务。当发动战争在经济上不能获利，战争的作用就越来越小，理论上讲，战争的成本大于收益的情况下，发动战争的可能性就大大降低。二战以后联合国建立，赤裸裸的侵略战争遭到全世界人民的反对，侵略殖民其他国家的战争基本消失。但资本主义国家会采取其他的剥削和压迫方式，比如政治革命、经济殖民、金融掠夺、技术垄断等，其最终目的是不断变换方式继续剥削各国人民。世界进入信息智能化时代，知识科技创新是发展的驱动力，引领经济发展，已经完全不同于以往靠资源带动的发展方式，而侵略他国无法得到这种资源，无法掠夺更多的物质财富。核武器的威力使人们清楚地意识到核战争后果的严重性。理论上，核武器可以毁灭人类，这使得大规模战争变得不可能，核武器使战争这种人类被迫发展的方式走到了尽头，战争的成本变为无限大，任何国家都不会发动这样的战争。

从以上分析可知，产生战争的基础条件正在逐步消失，战争的积极作用越来越小，现代战争成本巨大，逐渐失去了意义，退出历史成为必然，战争将随着国家的消失提前被人类消灭。

三、实现人的平等

历史上，人类追求自由平等的脚步从未停止，在经济全球化时代，资本主义私有制产生的不平等是造成人类压迫的总根源，没有平等就没有人类普遍的幸福。卢梭在《论人类不平等的起源和基础》中指出，个人身份不平等是其他各种不平等的根源，而财富的不平等则是最终的不平等。资产阶级革命打破了身份的不平等，但财富的私有成为资本主义制度的基础，要实现人类的普遍平等，就要消灭资本主义私有制。

人类的不断觉醒促进了资本主义私有制的消失。随着文化的不断发展和普及，人们必然会认识到自然、社会及人类的发展规律，特别是人们清晰地认识到社会发展的基本规律，认识到资本主义是造成人类压迫的总根源，认识到资本主义私有制是全人类追求平等的最大障碍时，人类就会觉醒。马克思说："理论只要说服人就能掌握群众，而理论只要彻底就能说服人。"科学的哲学让人们认清了资本主义的本质，随着科学的哲学普及，当人们意识到资本主义私有制是导致人类痛苦的根源，认识到不平等产生的主要原因是由于继承权造成资本的继承和增值时，就会觉醒，从而加入到限制继承权的活动中。进步的思想掌握了人类，革命就会到来，通过革命，大量的私有财产将过渡为国家财富。科学的哲学普及的广度和深度决定了资本主义私有制消失的速度。

▌四、实现人类普遍幸福

　　资本主义社会过渡到社会主义社会后，由于解放了劳动者，生产力继续发展，信息智能化社会形成，随着社会财富的大量积累，私有制经济成分消失，阶级消灭，整个社会的生产和消费可以被清晰地统计，社会逐步过渡到计划经济，由消费决定生产。社会上绝大部分的财富由国家和集体来管理，实行各尽所能，按劳分配，个人的劳动价值按照社会必要劳动时间来衡量，个人的发展与社会的发展融为一体，个人掌握的科学知识和道德素养达到了较高水平，自然压迫和社会压迫降至较低水平。随着生产力的继续提高，科技力量已可以接管大部分的物质资料生产，社会生产率非常高，人们通过短时间的劳动就可满足基本生活要求。公共经济和共享资源比较普遍，在个人可享用财富中，国家提供的可供国民享用财富均值很高，个人生活所需大部分物品由社会合理分配，个人开始去物质化，个人由追求物质利益转变为追求精神自由，更加注重生活质量和精神追求，由被动的人生向主动人生转变，人与人从物质利益关系转变为相互信任、相互关爱。

　　随着信息化的进一步深入，国家之间的联系更加紧密，全球生产和消费成为一个巨大的体系，相关互联，相互影响，社会基本实现资源的最优配置，总体上合作大于对抗，在全球性问题上能达成一致，各国的矛盾通过协商得到解决，战争消失，人们生活在和平之中。国家之间合作发展、分工协作，共同研究新的科学技术，成果共享，文化去差异化在人类的紧密合作中快速推进，人类对文化的认识趋于统一，逐渐形成人类共同信仰的真理体系。

　　人出生后就能吸收全世界最优秀的文化，语言有差异，内容无差别，人已实现国际化，对国家的观念逐渐淡薄，会以全球的观念对待他人，劳动平等交换在区域内部得到实现，并逐渐过渡到全球。所有的财富由社会来管理，个人不需要再拥有各种物质产品，只需要提出个人的需求，信息智能化的社会管理系统能使个人的需求和社会资源得到最佳匹配，相应地也会有计划地组织生产。至此，人类摆脱了生产关系的奴役，实现了各尽所能、按需分配，劳动成为人的第一需要，实现了人本质上的平等，为实现全人类的普遍幸福创造了可能。

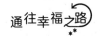

参考文献

1. 肖明 . 哲学原理〔M〕. 北京：经济科学出版社 ,1997.

2. 肖前 . 马克思主义哲学原理〔M〕. 北京：中国人民大学出版社 ,2005.

3. 卫兴华，顾学荣 . 政治经济学原理〔M〕. 北京：经济科学出版社 ,1998.

4. 叶奕乾，何存道，梁宁建 . 普通心理学〔M〕. 上海：华东师范大学出版社 , 2000.

5. 金炳华 . 马克思主义哲学大辞典〔M〕. 上海：上海辞书出版社 ,2002.

6. 冯友兰 . 中国哲学简史〔M〕. 涂又光，译 . 北京：北京大学出版社 ,2013.

7. 张志伟 . 西方哲学史〔M〕.2 版 . 北京：中国人民大学出版社 ,2010.

8. 黄心川 . 印度哲学通史〔M〕. 郑州：大象出版社 ,2014.

9. 贾雷德·戴蒙德 . 枪炮、病菌与钢铁〔M〕. 谢延光，译 . 上海：上海译文出版社 ,2016.

10. 吕大吉 . 宗教学纲要〔M〕. 北京：高等教育出版社 ,2003.

11. 龚向和 . 人权法学〔M〕. 北京：北京大学出版社 ,2019.

12. 冯俊科 . 西方幸福论〔M〕. 北京：中华书局 ,2011.

13. 克劳塞维茨 . 战争论〔M〕. 孙志新，译 . 北京：北京联合出版公司 ,2014.

14. 叶启晓 . 人类学概论〔M〕. 北京：北京大学出版社 ,2012.

15. 卡尔·雅斯贝尔斯 . 论历史的起源与目标〔M〕. 李雪涛，译 . 上海：华东师范大学出版社 ,2016.

16. 斯塔夫里阿诺斯 . 全球通史〔M〕. 吴象婴，等译 . 北京：北京大学出版社 ,2006.

17. 韦斯特威尔 . 一战战史〔M〕. 鸿雁，译 . 长春：吉林文史出版社 ,2021.

18. 白虹 . 二战全史〔M〕. 北京：中国华侨出版社 ,2016.